泥鳅生态养殖

［修订版］

◇ 编 著／高 峰 王冬武 邓时铭

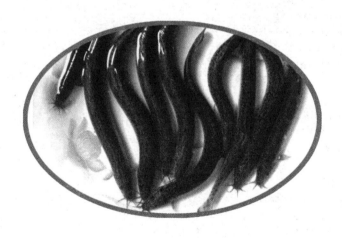

CMS 湖南科学技术出版社

图书在版编目（CIP）数据

泥鳅生态养殖 / 高峰，王冬武，邓时铭编著. — 修订版. — 长沙：湖南科学技术出版社，2020.9（2021.8重印）

ISBN 978-7-5710-0432-3

Ⅰ. ①泥… Ⅱ. ①高… ②王… ③邓… Ⅲ. ①泥鳅－淡水养殖 Ⅳ. ①S966.4

中国版本图书馆 CIP 数据核字（2019）第 275429 号

泥鳅生态养殖 [修订版]

编　　著：高　峰　王冬武　邓时铭
责任编辑：李　丹
出版发行：湖南科学技术出版社
社　　址：长沙市湘雅路 276 号
　　　　　http://www.hnstp.com
印　　刷：湖南宏图印务有限公司
　　　　　（印装质量问题请直接与本厂联系）
厂　　址：长沙市远大三路印刷科技产业园
邮　　编：410137
版　　次：2020 年 9 月第 1 版
印　　次：2021 年 8 月第 2 次印刷
开　　本：850mm×1186mm　1/32
印　　张：5.125
字　　数：180 千字
书　　号：ISBN 978-7-5710-0432-3
定　　价：28.00 元

前　言

随着经济的发展和人们生活水平的提高，市场对水产品的需求量越来越大，对水产品的质量安全要求也越来越高。有着"水中人参"之称的泥鳅，以肉质细嫩、味道鲜美、营养丰富及良好的保健作用日益受到人们的青睐。

由于泥鳅的栖息地环境受到人为的破坏，过度捕捉、农药化肥使用过量、生活及工业废水污染水域等原因，其天然的产量已经十分稀少，远远不能满足人们生活和外贸出口的需要。近年来，泥鳅的养殖与研究受到了越来越多的关注与重视，加上泥鳅适应能力强，已经成为养殖户增收的主要养殖品种之一。人工养殖泥鳅已经在全国各地展开，从事泥鳅的养殖具有广阔的发展前景。

为了适应这一新形势，满足广大养殖者的要求，我们结合养殖生产实践，广泛收集了有关泥鳅养殖的技术资料编著成书。本书系统地介绍了泥鳅的养殖现状与产业前景、泥鳅的生物学习性与人工繁殖、养殖场设计与建设、生态养殖泥鳅技术、泥鳅的加工与食疗、泥鳅养殖行业标准，泥鳅的市场销售与价格分析等内容，同时还详细地介绍了不同养殖模式及经济效益，并通过实例予以说明，能够让读者更好地学习与模仿。

本书从实用出发，方法具体，内容系统全面，养殖技术先进、通俗易懂，具有较强的可读性、实用性和科学性，对泥鳅养殖企业、养殖技术人员具有实际的指导作用。但由于时间仓促，加之作者水平有限，如有错误及不足，恳请读者批评指正。

编者

2020 年 1 月

目　录

第一章　泥鳅的养殖现状与产业前景

泥鳅属鲤形目，鲤亚目，鳅科，泥鳅属。泥鳅的生命力很强、繁殖快、饵料杂，是一种易饲养又可获得高产的鱼类。泥鳅肉味鲜美，营养丰富，蛋白质含量高；还含有脂肪、维生素 B_2、磷、铁等营养成分；在医药上，对面疗、腮腺炎等均有一定的疗效，也是外贸出口的主要水产品之一。它已成为庭院、坑塘、稻田等小水面养殖的主要品种。

一、泥鳅的种类与分布

泥鳅属种类较多，有泥鳅、大鳞副泥鳅、内蒙古泥鳅（埃氏泥鳅）、青色泥鳅、拟泥鳅、二色中泥鳅等。全世界有 10 多种，外形相差无几，通常供养殖的主要是泥鳅。近几年来在我们国家，开始发展养大鳞副泥鳅（Paramisgurnus dabryanus）和日本的川崎泥鳅。

泥鳅广泛分布于中国、日本、朝鲜、俄罗斯及印度等地。在我国除青藏高原外，全国各地河川、沟渠、水田、池塘、湖泊及水库等天然淡水水域中均有分布，尤其在长江和珠江流域中下游分布极广，群体数量大，是一种小型淡水经济鱼类。

1. 真泥鳅（一般称泥鳅）

真泥鳅体为长圆柱形，尾部侧扁，口下位，呈马蹄形。口须 5 对，上颌 3 对，较大，下颌 2 对，一大一小。尾鳍圆形，鳞片细小，埋于皮下。体背及背侧灰黑色，并有黑色小斑点。体侧下半部白色或浅黄色，尾柄基部上方有一黑色大斑。体表黏液较多，头部尖，吻部向前突出，眼和口较小。

2. 大鳞副泥鳅

大鳞副泥鳅分布于长江中下游及其附属水体。体形酷似泥鳅。须5对。眼被皮膜覆盖。无眼下刺。鳞片大，埋于皮下。尾柄处皮褶棱发达，与尾鳍相连。尾柄长与高约相等。尾鳍圆形。肛门近臀鳍起点。

3. 中华沙鳅

中华沙鳅分布于长江中上游，又称钢鳅。吻长而尖，须3对，颐下具1对钮状突起。眼下刺分叉，末端超过眼后缘。颊部无鳞。肛门靠近臀鳍起点。尾柄较低。栖居于砂石底河段的缓水区，常在底层活动。

4. 大斑花鳅

大斑花鳅分布于长江中下游及其附属水体。须4对，眼下刺分叉，侧线不完全。背鳍起点距吻端较距尾鳍基近。尾柄较长，尾鳍后缘平截或稍圆。体侧沿纵轴有6～9个较大的略呈方形的斑块，尾鳍基有一黑斑。生活在江河、湖泊的浅水区。个体小，数量不多。

5. 中华花鳅

中华花鳅分布于长江以南各江河。须4对，眼下刺分叉。侧线不完全。背鳍起点距吻端与至尾鳍基距离相等。尾柄较短，尾鳍稍圆或平截。体侧沿纵轴有10～15个斑块，尾鳍基上侧有一黑斑。生活于江河水流缓慢处。

6. 长薄鳅

长薄鳅分布于长江上游、中游，从湖北、湖南到四川西部。长薄鳅是薄鳅类中个体最大的一种，一般个体重1.0～1.5kg，最大个体可达3kg左右。近年来因江河鱼类资源量总体下降，数量明显减少。

7. 北方须鳅

北方须鳅分布于蒙古及我国内蒙古、黑龙江、辽宁、吉林等地。体细长，须较短。尾柄皮褶棱不发达。腹鳍基部起点与背鳍第2~4根分枝鳍条基部相对。常栖息于河沟、湖泊及沼泽砂质泥底的静水或缓流水体，适应性较强。数量较多，肉质细嫩，有一定的经济价值。

二、泥鳅养殖的历史与存在的问题

（一）发展历史

泥鳅在国外的养殖历史较长，尤以日本较早，已有70多年的历史。早在1944年，日本川村智次郎先生即采用脑下垂体制荷尔蒙激素注射液，应用在泥鳅的人工采卵，为养殖生产提供大批苗种开辟了新途径。而后，泥鳅的全人工养殖、规模养殖以及泥鳅优良品种的选育等逐步发展，迄今泥鳅养殖已成为日本很有发展前景的水产养殖业。在俄罗斯、印度和朝鲜等地亦有泥鳅养殖。

在我国，泥鳅以往多产于天然水域中，仅靠其自繁自育自长，产量增长率很低。随着消费水平的提高，需求量增加，泥鳅的自然产量逐步下降，既不能满足国内市场的需求，更不能满足国外市场的需求。因此，近年来，我国四川、山东、浙江、江苏、湖北、湖南、上海、广东等省市的外贸及水产部门，在捕捞野生鳅蓄养出口的基础上，积极发展人工饲养。

我国泥鳅产业起步是从出口开始的。2002年，韩国客商曹炯武为满足韩国市场对泥鳅的需求，开始从赣榆县的墩尚镇大量收购野生泥鳅贩运出口。然而随着需求量的增大，野生泥鳅很快就不能满足出口需求了，泥鳅养殖也就应运而生。

江苏省连云港市赣榆县农民乔宗礼从1982年开始贩运泥鳅，1999年规模扩大到拥有30多名帮工从事泥鳅养殖、收购，人均年收入上万元。每年，他仅销售到韩国的黄板鳅就达1700t。为满足供货量，他把外地先进的捕捉泥鳅的工具引荐给当地农民，并在苏北地区及山东半岛建立了120多个收购点，年经销额达2000多万元，还带出一个捉泥鳅的专业村。

　　为了均衡市场供应，防止外商压价，收来的泥鳅需要暂养在水泥池里或用网箱暂养在河塘里。考虑到这两种方法的死亡率都比较高，乔宗礼开始琢磨新的养殖方式。他在墩一村找到 30 亩低洼地，以每亩（1 亩 ≈ 667m²）160 元的价格租下来，将卖不掉的小泥鳅放到田里养殖。到冬季农闲时组织人力挖，收上来 70 多吨泥鳅，每吨卖到七八千元。乔宗礼从中受到启发，决定搞人工养殖。

　　2001 年，与乔宗礼不谋而合的是韩国最大水产养殖公司——清水水产养殖公司老板曹炯武，曹老板看重中国市场，更看中了墩尚属于平原湖洼地区，土质肥沃，酸碱度适中，且光照时间长，非常适合泥鳅生长，这里还有令他深信的合作伙伴乔宗礼，两人一拍即合，合资租赁 200 亩土地养殖泥鳅。

　　随着养殖技术的成功，全国各地的人们利用天然的或人工修建的沟、塘、坑、池等小水体，采取综合性的技术措施，开展了泥鳅人工繁殖和养殖的生产试验，大都获得成功；另外，全国许多科研院校结合生产实际，开展了泥鳅的大规模人工繁殖培育苗种的试验研究和其生物学方面的研究，以及泥鳅的优良品种选育研究等，取得了可喜的研究成果及经验。这些研究成果再与养殖者的经验相结合投入生产，使泥鳅获得较高的养殖产量。近几年，其产量不断上升，初步形成供销两旺的大好局面。

　　（二）存在的问题

　　泥鳅养殖不仅能丰富人们的菜篮子，而且能使很多水产养殖者走出常规养殖的圈子而致富。为了保证泥鳅养殖能够健康发展，我们在发展泥鳅养殖时应该注意以下几个方面的问题。

　　1. 要注意预测发展趋势和可行性

　　实践证明，泥鳅养殖成本较高，产品销售价格较贵，消费对象较"特"，产品市场弹性较小。"少了是宝，多了是草"，市场起伏大、价格波动大，养殖少时赚钱多，养殖多了就可能会亏本。因此，在养殖泥鳅产品时，要认真分析市场的需求和容量，预测发展的趋势和可行性，最好事先了解如下统计数字：①一般居民的日常消费量和节日消费量。②附近饭店和宾馆的需求量。③附近大中城市的销售量。④外贸出口的销售量和可能发展的销售量。应以销定产，切忌盲目上马、一哄而上。

2. 要考虑饲养技术上的可能性

泥鳅的生物学特性与一般养殖鱼类的生物学特性差异较大，因此其养殖技术也不能简单地沿用普通鱼类的养殖技术。特别是泥鳅养殖要求条件较为苛刻，这就更需要有较完善的设备和饲养技术。

3. 要充分考虑到饲料供应的品种和数量

泥鳅养殖中的饲料供应相当关键，同时这也是降低养殖成本、提高经济效益所必须重视的问题。养殖泥鳅必须考虑动物性饵料的来源和可供应量，当然，还必须考虑到饲料成本，饲料供应要因地制宜，饲料来源不足时应以饲定产。

4. 要注意广开销路并重视发展外贸

泥鳅养殖的成本高，售价也高，从而制约了国内的消费需求，使得国内市场的销售量有限。因此，要想大规模养殖，必须广开销售渠道，既要重视内销，又不能放松外销。

5. 要保证稳定性的苗种来源

泥鳅养殖品种的苗种成本较高，因此，要尽可能选择人工繁殖的泥鳅养殖品种或附近天然水域中能获得稳定苗源的养殖品种。

6. 要注意充分利用当地的条件优势

利用当地的各种优势，尽可能地降低养殖成本。

7. 要注意搞好综合经营，避免单打

目前，很多泥鳅养殖户在养殖技术上尚未完全过关，销售渠道也没有完全理顺，因此，养殖单一品种一旦失败，经济上的损失就无法弥补。

8. 要注意加强成本核算，重视经济效益

进行泥鳅养殖时必须进行成本核算，重视投入与产出的关系，只有这样，泥鳅养殖才有发展的生命力和空间。

9. 不要盲从

泥鳅养殖有其自身的特点，欲从事这一行业的养殖者，更要结合自身的优势和特点适度发展。

（三）发展思路和建议

1. 适度规模经营

在目前国内市场没有完全打开的前提下，不能盲目扩张，达到产销平衡，防止出现恶性竞争、压质压价的情况。

2. 充分发挥合作社的作用

各地要加强合作社的建立，统一规划产销，增强市场抗风险能力。合作社要加强自身管理和服务能力，规范整个泥鳅养殖过程，对泥鳅养殖过程进行跟踪管理服务，对养殖塘口进行统一编号，建立泥鳅可追溯体系，由水产养殖专家组成的泥鳅养殖技术服务队，进行 24 小时不间断巡逻，对出货情况进行现场监装。

3. 打造基地平台

打造泥鳅养殖成片区域，提高基地的软实力，同时加大对基地平台的宣传力度，与高校专家教授结成帮扶对子，随时解决养殖过程中出现的问题。

4. 稳住国际市场、开拓国内市场

进一步完善泥鳅销售网络，同时开拓国内的广州、南京、北京、沈阳、南通等地的消费市场，国内市场的开发将降低我国泥鳅依赖出口的风险。

5. 延长深加工产业链

力求制成相应的保健产品，把引进泥鳅深加工项目作为工作重点之一，提高泥鳅产品的附加值和泥鳅市场的抗风险能力。

三、泥鳅的经济价值与市场现状

(一) 泥鳅的经济价值

我国历史上早在《本草纲目》药书上就有"天上斑鸠、地下泥鳅"之说。中医学认为，泥鳅具有补中气、祛湿邪之功用，可作为除燥、防治阳痿、时疫发黄、小儿盗汗、痔疮、疥癣等症的辅助治疗食品，泥鳅炖豆腐能补脾利湿，对黄疸、小便不利及脾虚胃弱者有良效，对迁延性和慢性肝炎患者肝功能的改善也有明显作用。现代医学专家指出：泥鳅皮肤中分泌的黏液即所谓"泥鳅滑液"，有较好的抗菌消炎作用，拌糖抹患处可祛痛消肿，亦可美容护肤；因泥鳅所含脂肪成分较低，胆固醇很少，心血管疾病患者和贫血、肝炎患者多食有益。因泥鳅肉质细嫩，味道鲜美，营养丰富，在日韩等国被誉为"水中人参"。人们把它当作高级营养补品。因此，韩国一些富家子弟在结婚前每天都要喝一小碗泥鳅汤，以此壮阳保健，可见泥鳅的营养保健价值之高，开发前景之广阔。

泥鳅生命力很强，对环境适应性强，其食料荤素粗杂易得，养殖占地面积少，用水量不大，易于饲养，便于运输，而且成本低、见效快、收益高，每公顷水面产量可高达 15t 左右；加上泥鳅市场需求看好，近几年，仅广州、武汉两地，每年市场需求量就在 1400t 以上，售价为每千克 23～40 元；泥鳅还可出口创汇，每年销往日本等国的泥鳅达 4000t 以上。在水产养殖业中以泥鳅作为养殖对象是较安全而又有利可图的。我国是世界最大的淡水国，有着得天独厚的自然资源，因此，可利用各种浅水水体，如洼地、稻田、坑塘等处因地制宜，就地取材地发展泥鳅养殖，当然有条件可发展规模养殖。可以预料，泥鳅养殖业在我国的水产养殖中，特别是在农村家庭副业中能得到有力的发展，有很好的前景。

(二) 泥鳅健康养殖模式

泥鳅是小型鱼类，具有肠呼吸的功能，对水中溶氧要求比其他鱼类相对较低，特别是能适应浅水、小水体，易与其他水生动物共生，所以，近年来，人们尝试了不同的泥鳅养殖方法与技术，均取得了一定的成效，主要的养殖模式有以下几种。

1. 池塘养殖

池塘养殖泥鳅的技术多源于传统池塘养鱼。泥鳅池塘养殖对水质要求较低，耗水量小，既节约水源又保护环境。泥鳅的养殖对池塘面积要求也不大，不适宜养殖其他鱼类的中小型池塘都可以用来进行泥鳅养殖。

2. 稻田养殖

利用稻田或种植其他水生经济作物，如莲藕、菱白、慈姑等的水田养殖食用鳅，不仅不影响这些经济作物的产量，而且可提高水田的综合产出和整体效益，可一举两得。稻田集约饲养泥鳅，饲养管理要求与池塘相似，要做好投饵、施肥以及水质控制工作。粗放饲养则根据天然饵料状况做好施肥工作，保证泥鳅充分摄食。在利用水田饲养泥鳅的管理中，经济作物和泥鳅两者要兼顾，充分利用水体资源，又能减少水稻病虫害，因泥鳅套养在稻田水体中，畅游索食害虫，还起着生态防病作用。稻田育水丝蚓养泥鳅，经济效益是单一种植水稻的 2～3 倍。

3. 网箱养殖

网箱饲养泥鳅，具有养殖密度高、便于捕捞和防逃的优点。网箱采用网目为 0.5～1.0cm 的聚乙烯网布做成，面积一般为 $10m^2$ 左右。网箱设在湖、河边或池塘内，箱底着泥，铺上 15～20cm 厚的壤土，网箱上部要求出水 40cm 以上或设置盖网防止泥鳅逃逸。

4. 木箱养殖

在有水源而不能建池的地方，可用木箱饲养泥鳅，日本的秋田县多使用这种方法。木箱是用杂木制成，大小一般为 1m×1m×1.5m，在其两侧作 3cm×4cm 的进排水口，并安装网目 2mm 左右的金属网。箱内下面填入堆肥（约30cm 厚），或一层切碎的蒿草一层泥土，堆积 2～3 层，最上层为土。水深 30～50cm。在木箱上要设置金属盖网，以防鸟兽危害。放置木箱的地方，尽可能是向阳、水温较高处，在水温较低的场所，可建一个晒水池，以提高水温。用上述大小的木箱可放养鳅种 1～1.5kg，每日投喂由米糠、麸皮、饼类、玉米粉等植物性饲料和动物内脏、小鱼虾、螺蚌肉、蚕蛹、蚯蚓等动物性饲料混合制成的饲料，投饵量视鱼体重及水温而定。饲养期间，要经常筛选泥鳅的大小。约经半年饲养，收获量可达放养量的 8～10 倍。

5. 庭院养殖

利用房前屋后空闲地开展养鳅，不但投入少产出多，不占土地，科技含量要求相对较低，而且又可达到娱情乐性，发家致富的目的。

6. 其他养殖方法

泥鳅的养殖除了以上所述方法外，还有一些利用泥鳅生物学特点而因地制宜的创新方法，如在不同养殖环境条件下与其他水产动物的混养生态养殖法、人工模拟泥鳅巢穴的无底泥基质养殖法和流水养殖法等。

（三）市场前景分析

由于泥鳅营养价值高，味道鲜美，我国居民尤其是南方人有喜食泥鳅的风俗，市场需求量较大，因此，泥鳅多年来市场销路看好。港澳台市场也反复向内地要货，且数量较大。在国际市场上，泥鳅销路也很好。据国内外泥鳅市场观察表明，中国的泥鳅在国内外市场上深受欢迎（如日本、韩国），销路很广。从 2000 年至今，小泥鳅连续十多年走俏市场。国内市场年需求量为 40 万～50 万吨，2018 年国内产量约为 35 万吨，需大于求，导致价格连续保持在高位。1995 年为 5 元/kg，2002 年再上涨至 15～18 元/kg，2008 年又上升至 24～48 元/kg，特别 2013 年春节期间价格高达 74～76 元/kg。国际市场对我国泥鳅需求量呈上升趋势，订货量连年增长，尤其是日本、韩国需求量较大，年需求量 10 万余吨。

由此可见，泥鳅在国内外市场的销量和潜力都很大。如果在现有基础上增加科技和物资投入，扩大泥鳅养殖范围，实行苗种育种、成鳅养殖、泥鳅加工和贩卖成龙配套，肯定会取得可观的经济效益和社会效益。

1. 价格优势

据国内外泥鳅市场调查显示，从 2000 年至今，泥鳅连续十年走俏市场。国内国际市场需求大，年需求量在 50 万～60 万吨，但国内生产只能提供 35 万吨的产能，存在较大缺口，导致价格年年保持高位，加上野生资源日益枯竭，人们毫无节制地捕捞（电捕、药捕）和化肥农药的大量使用，再加上很多农田已无蓄水条件，无生存空间，导致野生资源每年以 30%～50% 的数量剧减，使泥鳅价格节节攀升，从 1995 年 5 元/kg 上涨到 2013 年春节 74～76 元/kg。

2. 消费者优势

泥鳅肉质细嫩，味道鲜美，有相当高的营养及药用价值，人们称之为"水中人参"。随着国民经济的快速增长，人们可支配收入的不断增长，食品结构将得到进一步改善。从市场的发展需求来看，泥鳅的食用和药用价值已被广大群众接受且数量也会随之增大。目前国内很多地区都没有泥鳅规模养殖，比如重庆市范围内，现无大型泥鳅养殖专业公司，爱吃火锅的重庆人，对泥鳅更是情有独钟，泥鳅产品主要从外地购进。所以相关区域大力发展泥鳅养殖是一件利国利民的好事，更是农民脱贫致富的好项目。

3. 市场竞争优势

一是市场前景很广阔，隐性市场潜力巨大，市场需求呈逐年增长势头。目前，泥鳅的消费结构呈单一性，而以泥鳅为主要原料的诸如各种烤制食品、速冻食品、罐头食品及保健品等多品种系列化深加工产品尚未得到开发，多元化的消费结构还没有形成，因而具有广阔的市场空间。同时泥鳅价格中档，具有广泛的消费群体。二是国内泥鳅养殖业的发展与市场需求状况形成极大的反差，即市场消费需求的上升势头并没有刺激国内泥鳅养殖业的纵深发展。三是全新的高效养殖技术保障及配套服务体系的建立与市场状况所形成的良好机遇，共同缔造了泥鳅规模养殖的广阔空间。四是泥鳅不仅在国内市场受欢迎，而且在国际市场上也是紧俏的商品，泥鳅还通过我国港澳地区销往东南亚等地。在日本和我国港澳地区尤受欢迎，在日本每年的需求量很大，年销售量达 5000 多吨，但其本国产量仅 1500t 左右，其余部分都要从我国进口。在冬季的东京市场上，我国出口的冰鲜开膛泥鳅每千克售价高达 195 元人民币。据统计，出口 1t 冰鲜开膛泥鳅可换回 26t 钢材，其价值相当可观。因此，发展泥鳅养殖大有可为。

第二章　泥鳅的生物学习性与人工繁殖

　　泥鳅是小型的淡水鱼类，由于其肉质细嫩、味道鲜美，而且还具有一定的药用滋补功能，所以很受人们的青睐。随着人们消费量的日益增加和一些以泥鳅为饵料的特种水产行业的兴起，加之农业污染的加剧和野外大量捕捞，泥鳅需求量快速增加。近几年来，我国泥鳅养殖户越来越多，养殖规模也越来越大，已畅销国内外，是我国出口水产品之一。

　　泥鳅营养丰富，可食用部分占80％左右，其肉蛋白质含量达到18％～20％，富含不饱和脂肪酸，是一种强身食品。《本草纲目》中记载，泥鳅有暖中益气、祛湿邪的功效，对肝炎、小儿盗汗、皮肤瘙痒、跌打损伤、痔疮等有一定的疗效。泥鳅黏液还可以治疗湿疹、神经痛、丹毒、关节炎、腮腺炎等。

　　泥鳅生命力强，耐低氧，生活水域广，食性杂，苗种成本低，较容易开展人工养殖。再者人工养殖泥鳅时，投资不大，生产技术要求不高，消费市场广，经济效益显著，有利地促进了泥鳅养殖业的快速发展。

第一节　形态学与生活习性

　　泥鳅（Oriental weatherfish），别名鳅，属鲤形目、鳅科、泥鳅属，广泛分布在中国、日本、朝鲜、印度等地，在我国除青藏高原外，全国各地河川、沟渠、水田、池塘、湖泊等天然水域均有分布，尤其长江和珠江流域中下游分布极广，群体数量大。

一、形态特征

泥鳅体细长，头小而尖，无鳞，呈锥形，身体腹鳍以前部分呈圆筒状，其后渐侧扁，体高与体长之比为 1.7：8。

泥鳅口小，呈马蹄形，亚下位。鳃退化为细粒状突起，鳃孔小，鳃裂止于胸鳍基部。眼小，圆形，上侧位，为皮膜覆盖，上侧位视觉不发达。鼻孔近眼前缘，吻部向前突出，唇部有细皱纹和小突起。鳞细小，圆形，埋于皮下。侧线鳞为 125～150 枚，头部无鳞。

泥鳅背鳍无硬刺，位于体中点后方。腹鳍与背鳍相对，腹鳍短小，起点于背鳍基部中后方，不达臀鳍。胸鳍短，距腹鳍远。尾鳍圆形，尾柄上下有皮褶。胸鳍、腹鳍和臀鳍为灰白色，尾鳍和背鳍具有黑色小斑点，尾鳍基部上方有显著的黑色斑点。

泥鳅触须共 5 对，其中吻端 1 对，上颌 1 对，口角 1 对，下唇 2 对，上颌须最长，可伸至或略超过眼缘下方，但也有个别较短，仅达到前鳃盖骨。泥鳅视觉很差，但触角、味觉极灵敏。

体色：泥鳅体表黏液丰富。背部及体侧 2/3 以上部位为灰黑色，全身有黑色小斑点或暗花纹，腹部灰白色或浅黄色。尾柄基部上侧有明显黑斑，背鳍和尾鳍膜上有黑色斑点，排列成行，其他各鳍为灰白色。体色随生活环境和饲料营养变化而略有不同。

二、生活习性

（一）栖息环境

泥鳅为底栖性变温动物，分布于江河、湖泊、池塘、水库、沟渠等水域。泥鳅喜阴怕阳，喜浅怕深，白天大多潜伏在光线微弱的水底，栖息地多为淤泥层较厚的浅水区，傍晚才出来摄食。一般情况，泥鳅不会游到水体的上、中层活动。泥鳅眼退化变小，视觉不发达，对光不敏感。

（二）水温

生活环境温度对泥鳅生命活动有一定的影响。水温降至10℃以下时，泥鳅钻入淤泥进行防寒越冬，水温超过10℃时，泥鳅钻出泥层，开始觅食，并随着水温的逐步升高，其生命活动和摄食量也逐步增强。水温15℃～30℃是泥鳅生长、发育的适宜温度。水温18℃以上时，泥鳅开始发情、交配繁殖，25℃左右为最佳繁殖温度。25℃～27℃为泥鳅生长最适温度，食物摄食量大，生长速度快。水温超过30℃，随着温度的升高，其摄食量和活动能力逐步减弱，水温高于33℃时，泥鳅入泥降温避暑。

（三）呼吸

泥鳅不仅能用鳃呼吸，还能利用皮肤和肠呼吸。肠呼吸是因为肠壁很薄，具有丰富的血管网，能进行气体交换，辅助呼吸功能。也因此，泥鳅耐低氧，离水不易死亡。当天气闷热或池底严重缺氧时，泥鳅还能跃出水面，或垂直上升到水面，用口直接吞入空气，利用肠壁辅助呼吸。在完全干燥的环境中，体长4～5cm的泥鳅可存活1小时，体长12cm的泥鳅可存活6小时，当返回水中时仍能正常活动。

泥鳅生命力强，不但对环境有较强的适应能力，而且还能主动地避开不利环境。当遇天旱水干或水温过高过低等不利条件时，立即钻入泥层中20～30cm处，呈不食不动的休眠状态，只需少量水分湿润皮肤，便可维持生命。待条件转好，便会复出摄食活动。

（四）逃逸

泥鳅很善于逃逸。当有流水，水中溶解氧丰富时，泥鳅喜欢成群聚集、溯流戏水，非常活跃。养殖泥鳅时务必加强防逃管理，定期检查防逃设施，及时排水，以免泥鳅逃逸。

三、摄食习性

泥鳅食性为杂食性，偏动物性饵料，因视觉不发达，主要靠灵敏的触角和味觉来选择食物，其摄食方式为半主动式。原生动物、轮虫、枝角类、桡足类、绿藻、硅藻等浮游生物和摇蚊幼虫、水蚯蚓、细菌等底栖生物和有机碎屑、杂草嫩叶等均为泥鳅的天然饵料。人工养殖泥鳅时，还可投喂水生昆虫、蛆虫、螺肉、蚌肉、畜禽下脚料、野杂鱼鱼肉、麸皮、米糠、豆粕、豆渣、谷子、嫩草、菜叶等饲料。泥鳅有晚上吃食的习惯，人工养殖时，投喂时间多为日落后的傍晚至半夜间，也可驯食在白天投喂，投饵点宜在幽暗安静处。不同阶段泥鳅无明显的趋光性或避光反应。

泥鳅不同生长发育阶段其食物种类有所不同。体长 5cm 以下时，主要摄食动物性饵料和腐殖质，如原生动物、轮虫、小型甲壳虫等小体浮游动物。体长 5～8cm 时，泥鳅喜食水体浮游动物，主要摄食甲壳类、摇蚊幼虫、丝蚯蚓等；体长 8～10cm 时，食性转变为杂食性，主要摄食幼螺、昆虫、硅藻、绿藻、有机碎屑，以及水生植物的根、茎、叶、种子和丝状藻类等食物；体长 10cm 以上时，泥鳅主要摄食水中藻类、水生植物的根茎叶等植物性饵料，生长逐步趋向缓慢。不同养殖环境条件下，泥鳅食物组成有所不同。当动植物性饵料缺乏时，泥鳅也能摄食有机碎屑和活性淤泥来维持能量供应。

泥鳅食欲与水质、生理期和性别相关，水温 15℃ 以上时，食欲逐步增加，26℃～28℃ 时，食欲旺盛，水温超过 30℃，食欲减退。当水体溶解氧丰富时，泥鳅食欲也相应增强，水体 pH 值 6.6～7.2 范围内，泥鳅摄食量增加。产卵期泥鳅比平时食量大，雌性泥鳅比雄性泥鳅食量大。

泥鳅较贪食，投喂过饱，容易阻碍肠道呼吸，并产生毒害气体而死亡。养殖过程中，一定要注意控制其投饵量。

四、生长规律

泥鳅的生长速度同饵料、饲养密度、水温、性别和发育阶段等都有一定的关系。在自然条件下，刚孵出的苗体约 0.3cm 长，1 个月后可达 3cm 左右，半年后可长到 6～8cm，第二年年底可长到 13cm，约 15g。最大个体可达 20cm，约 100g。人工养殖条件下个体差异较明显。一般经过约 20 天的培育，泥鳅苗可达 3cm，1 月龄可长成 10～13g/尾的商品泥鳅。当年泥鳅的日增长速度约为 0.1867cm，培育一年可长到 10cm 以上，秋季可达到性腺成熟。发育成熟后，泥鳅生长速度减慢。因此，作为商品泥鳅养殖者，养殖周期可定为一年。

第二节　泥鳅繁殖

一、泥鳅繁殖特点

泥鳅为雌雄异体，一般 1 冬龄后性成熟，属多次性产卵的鱼类。产卵期为 4～8 月，盛期为 5 月下旬至 6 月下旬，一直可延续到 9 月。水温 18℃以上便开始发情、交配、产卵，产卵时间在清晨或夜间，每次产卵时间也较长，一般排卵结束需要 4～7 天，每次排卵数量可达到 200～300 粒。繁殖水温为 18℃～30℃，最适水温为 22℃～28℃。

泥鳅怀卵量一般为 8000 粒左右，少的几百粒，多的可达十几万粒，常因个体大小而有所差异。20cm 长的泥鳅亲本怀卵量可达 2.4 万粒以上，12～15cm 亲本怀卵量为 1 万～1.5 万粒。泥鳅卵卵径约 1mm，吸水膨胀达 1.3mm。体长 9～11cm 的雄性泥鳅精集中约有 6 亿个精子。

二、亲鳅的选择与鉴别

繁殖的雌泥鳅亲本，个体大，怀卵量大，繁殖的泥鳅苗质量好，生长快。因此泥鳅亲本要求体质健壮，体色正常，无病无伤，

鳍条整齐完整，活动能力强，年龄在 2～3 龄，雌性亲本体长 15cm
以上、体重 15g 以上，雄性亲本体长 10cm 以上、体重 12g 以上的
性成熟个体。雌雄搭配比例一般为 1∶（2～3），并可适当增加雄性
个体，达到 1∶（3～4）。

　　亲本泥鳅主要来源有：天然水域捕捉、养殖场或从其他生产单
位或市场上收购而获得、自己养殖场专池培育。市场购买的亲本必
须严格筛选，并精心培育一段时间后才能进行繁殖。

　　成熟的雌雄泥鳅，在体形、体色方面还是有所差异，在生殖季
节其特征更是明显。将泥鳅放在盛有少量水的白瓷碗或盆中，待
鳍条自然展开时，用肉眼就可明显辨别雌雄个体，具体区别特征见
表 2-1。

表 2-1　雌雄泥鳅的区别

部位	出现时期	雌　性	雄　性
体形	生殖期	近圆筒形的纺锤状，较大	近圆锥形的纺锤状，较小
胸鳍	体长大于 5.8cm	第二鳍条前端圆钝呈扇形展开，整个鳍形较小，末端圆	第二鳍条最长，整个鳍形较大，末端尖。生殖期鳍条上有追星
背鳍	生殖期	末端正常，下方体侧无纵隆起	末端两侧有肉质突起，下方体侧具纵隆起
腹部	产卵期	圆而膨大，且色泽变为略带透明的粉红色或黄色	扁平

　　产卵后的雌泥鳅腹鳍上部出现一白色斑块，这是已产卵的标
志，不宜再选为繁殖亲本，须剔除。

成熟度鉴定：解剖泥鳅亲本，进行成熟度的鉴定。卵巢中呈金黄色半透明，有点黏性，几乎游离在体腔的为成熟卵粒；有黏性，呈金黄色半透明，吸水后4～5分钟变白，为过熟卵；无黏性，呈黄色，卵粒较小，紧包在卵腔中，吸水2～3分钟后变为白色不透明，表明卵粒不成熟。泥鳅精巢为长带形，白色，呈薄带状的为不成熟个体，呈串状的为成熟个体。

三、泥鳅的繁殖技术

泥鳅繁殖方式一般有三种形式，一是自然产卵自然受精，二是人工催产自然产卵受精，三是人工催产人工授精。自然产卵自然受精的方法，因个体发育不同步导致受精卵低，孵化率也低，规模生产上不常用。一般采用人工催产的自然产卵和人工授精两种方法进行繁殖。

泥鳅人工繁殖时可用专门的产卵池、孵化池、鱼巢，人为地创造适宜繁殖的生态环境，让人工催产的泥鳅在专用池中自然交配产卵于鱼巢上，然后于孵化池中人工孵化，孵化效果最好。或人工授精，黏附鱼巢上孵化，或脱黏孵化。

（一）亲本强化培育

泥鳅亲本的强化培育是人工繁殖中非常重要的技术环节。通过强化培育泥鳅亲本，增强亲本体质，促使泥鳅快速成熟，抑或恢复已产部分卵的亲本。

亲本培育池一般为50～100m²，高1.2m，水深为40～50cm。池底夯实，池壁加固或贴塑料膜，防泥鳅钻洞。进排水口设栏网，池底铺含腐殖质软土或软腐泥20cm左右。培育池在放养前，先用漂白粉或生石灰清塘消毒，每10m²用生石灰1kg或漂白粉100g，化水后全池泼洒，5～7天后取适量池塘水，放入泥鳅进行试水，安全后可大量放入。

放养密度：每平方米20～30尾，或每平方米0.5～1kg，亲本放养前用3％～5％的食盐水消毒10～15分钟。

亲本放养：强化培育泥鳅，宜雌雄分开。

亲本投喂：亲鳅适时投喂饲料蛋白不低于35％的全价配合饲料，适量搭配动物碎肉、酵母粉和维生素。饲料要求新鲜适口、无腐败变质、无污染，饲料质量符合NY5072要求，饲料卫生符合GB13078要求。投饵量一般占泥鳅总重量的5％～8％。产前日投两次，上午7～8时和傍晚各一次，其中上午投30％，下午投70％。产后每天傍晚投饵一次。培育期间适当追肥，保持水质肥、活、嫩、爽，水色为黄绿色。培育期间每7～10天换水，换水量为1/4左右，在近催产半个月左右，每天微流水1小时，促使亲鳅性腺发育。每15天泼洒一次生石灰浆，每立方米水体为15～20g。池中要放养一定量的水草，保持良好的培育环境。

（二）产卵池和孵化池的准备

产卵池、孵化池可以是土池、水泥池或网箱，而且还可以共用。孵化池一般为长方形，面积不宜太大，$15m^2$左右，便于操作管理。网箱用40目聚乙烯网布制成，面积以5～$10m^2$为宜，箱壁高为1.0～1.2m，其规格大小依生产规模而定。

孵化前15天，先将池水排干，晒塘。每亩用70～100kg生石灰清塘除野，3～5天后注入深30cm的水，待药效消失后即可使用。池周设置防蛙、防鸟和防逃设施。

（三）鱼巢的准备

鱼巢宜选用质地柔软、不易腐败、能漂浮在水中的材料。产卵池可种养水生植物作为鱼巢，还可以增设多须的杨柳须根、棕榈皮等作为人工鱼巢。

鱼巢在使用前，务必预先用水浸泡消毒，可用2％食盐水浸泡20～40分钟，或20mg/L高锰酸钾溶液浸泡20～30分钟，或4mg/L漂白粉溶液浸泡20～30分钟，取出鱼巢，用干净水清洗，沥干水后将鱼巢扎把吊挂在绳或竹竿上，即可入池使用。

用棕榈皮作人工鱼巢时，要用生石灰水浸泡 2 天，生石灰用量为每千克棕榈皮 5kg 生石灰。用生石灰水浸泡后再放入池塘中浸泡 1～2 天，晒干备用。

（四）人工催产

繁殖季节，挑选腹部膨大饱满，柔软有弹性，腹部朝上能看到卵巢的轮廓，并呈略带透亮的粉红色或黄色；生殖孔开放并微红，体质健壮，无病无伤的雌性泥鳅和手摸胸鳍有粗糙感的雄性泥鳅用于催产。

催产剂种类有绒毛膜促性腺激素（HCG）、促黄体素释放激素类似物（LRH-A）、马来酸地欧酮（DOM），可单独使用或混合使用。催产药物用 0.9% 生理盐水稀释，现配现用，药液量按每尾 0.2～0.3mL 配制，雄性个体用量减半。采用一次注射，用纱布包裹泥鳅。注射部位为背部肌肉时，针与鱼体成 30°～45°角，进针深度 0.2～0.3cm；采用腹腔注射时，注射部位是腹鳍前约 1cm 处，避开正中线部位，由后向前入针。注射后将亲本放入产卵池或产卵网箱中。

不同催产剂或不同的使用方法对泥鳅亲本的繁殖效果有所不同。张玉明（1999）和曲景青（1993）认为，单独使用 LRH-A 对泥鳅催情几乎不起作用，效果好的有 PG、HCG、LRH-A＋HCG 或 LRH-A＋PG，LRH-A＋HCG 联合使用时，低剂量就能有效地催产性腺发育较差的泥鳅亲本，雄泥鳅精液增多，雌泥鳅卵核较快偏位，催熟效果比单独使用 PG 或 HCG 好。唐东茂（1998）研究表明，当雌雄泥鳅比例为 1∶1 时，用 30mg/尾 LRH-A 催产效果较好，低剂量或过高剂量催产作用均不明显。使用 HCG 时，催产效果同性别比例无明显相关性。

催产素效应时间与水温、泥鳅成熟度和产卵季节密切相关。水温 20℃，效益时间约 20 小时，25℃时为 15 小时，根据泥鳅成熟度和当时水温情况，估计效应时间，确定人工催产注射时间，尽可能促使泥鳅亲本于翌日清晨产卵，以便于操作，也可避开阳光直射的影响。

（五）产卵

1. 人工催产自然产卵

人工催产自然产卵时，注射催产素的雌雄亲本根据泥鳅个体大小来确定投放比例。雌鳅个体大，怀卵量大，雄鳅个体小时，宜多放雄鳅。亲本体长均为 10cm 以上，雌雄比例为 1：（2～3），雄鳅体长不到 10cm 时，雌雄比例可调整为 1：（3～4）。

雌、雄泥鳅在未发情前，静卧池底。接近发情时，雌、雄泥鳅以头部互相摩擦、呼吸急促，表现为鳃部迅速开合，也有以身体互相轻擦的。发情时，经常是数尾雄鳅追逐一尾雌鳅，雄鳅不断地用嘴吸吻雌鳅的头部、胸部。雌鳅逐渐游到水面，雄鳅追逐到水面，并进行肠呼吸，从肛门排出气泡。当一组开始追逐，便引发几组追逐起来。当临近产卵时，雄鳅会卷住雌鳅腹部，呈筒状拦腰环抱雌鳅挤压产卵，同时雄鳅排出精液，行体外授精。当雄鳅结束卷曲动作后，雌、雄泥鳅分别潜入水底。稍停后，开始再追逐，雄鳅再次卷住雌鳅，雌鳅再次产卵、雄鳅排精。这种动作因亲鳅个体大小不同而次数也不等，体形大的要反复进行 10 次以上。由于雌、雄泥鳅成熟度个体差异以及催产剂作用的快慢不同，同一批泥鳅亲本的这种卷体排卵动作之间间隔时间有长有短。雌泥鳅产卵结束后，将亲本全部捞出，避免亲本吞食受精卵，抑或取出鱼巢另行孵化。

泥鳅产卵时间一般为晴天早晨，或雨后和晚间水温较低的时候。稻田和沟渠的泥鳅多在雨后或加注新鲜水时产卵。水体盐度和 pH 值对泥鳅排卵量有较大影响，泥鳅适宜在微酸性至中性的淡水水体产卵。

2. 人工授精

人工催产后采用人工授精方法繁殖时，注射催产素的雌雄亲本宜分开暂养，采用微流水刺激。根据当时的水温和季节情况，估计催产素的效应时间，在接近发情产卵时，及时准备好所需材料，以便顺利完成制备精液和挤卵工作。当发现雌雄泥鳅在水面追逐，呼吸急促，鳃张合频繁时，轻压腹部有卵粒流出，便可进行人工授精。

（1）精液的制备

将雄泥鳅体表水分擦干，用挤压法采取精子。但由于雄性泥鳅个体小，体表较滑，抓捕不易，而且精子不易挤出，生产上常剖腹取精。在接近催产素效应时间时，雌泥鳅发情高峰前，捞取雄泥鳅进行精液的制备。泥鳅精巢贴附在脊椎两侧，呈乳白色，剖开腹部，用镊子轻轻地取出两侧精巢，放置在干净无水的研钵中，用剪刀剪碎，钵棒轻轻研磨，立即用0.5%～0.6%生理盐水或格林液（1L蒸馏水中加入氯化钠7.5g，氯化钾0.2g，氯化钙0.4g，摇匀后放冰箱保存备用）稀释，一般1～3尾泥鳅可配制约50mL精子液，放于4℃冰箱或碎冰中避光保存备用。保存时间不宜超过2小时。

（2）人工授精

捞取发情的雌泥鳅，用毛巾或纱布裹住，露出腹部，用右手拇指由前向后轻轻挤压腹部，将成熟卵粒挤入干净、无水的白瓷碗或白瓷盆中，立即加入适量的精液，边加精液边用鹅毛轻轻地搅拌，搅拌几分钟，保证卵子充分接触精液，以提高受精率。然后将受精卵脱黏或黏附在鱼巢上进行孵化。人工授精时应注意遮阴，避开太阳光照射。

（六）孵化

1. 孵化

孵化是指受精卵的发育过程。泥鳅卵粒为圆形，直径约0.8mm，当遇水后，受精卵卵膜吸水膨胀，卵径增大到1.3mm，而且变得完全透明。成熟卵弱黏性，分有动物极和植物极，动物极为原生质集中多的一端，植物极为卵黄集中的一端。

不同水温条件下，受精卵孵化时间有所不同。孵化水温15℃

时，脱膜时间约 117 小时，18℃时约为 71.5 小时，21℃～22℃时约为 52 小时，24℃～25℃时约为 40 小时，28℃～29℃时约为 30小时。孵化用水要求水质清新，无污染，无敌害生物。

自然产卵时，泥鳅受精卵附着在鱼巢上，将鱼巢放置在孵化池孵化即可，保持微流水。也可将鱼巢放置在网箱中孵化。将网箱放置于静水或微流水处，水深不超过 50cm。孵化密度一般约为每升 500粒卵，静水水体中孵化密度可适量减少，并勤换水，至少每天 2～3 次。

泥鳅卵附着能力弱，容易掉落。在人工授精后，可将泥鳅受精卵进行脱黏处理，然后将受精卵放置在孵化缸、孵化槽、孵化框或孵化环道中进行微流水孵化。也可黏附在鱼巢进行孵化。将鱼巢放入孵化池中，密度一般为每平方米 2 万～3 万粒。网箱充气孵化时，每立方米水体可放卵 20 万粒左右。泥鳅受精卵孵化过程中，特别注意敌害生物的侵入，尤其是青蛙。同时注意遮阴，防止太阳光直射受精卵。

2. 孵化管理

泥鳅卵在孵化过程中，不管是采取静水孵化还是流水孵化，都要加强以下几个方面的管理。

（1）水质：进行泥鳅受精卵孵化的水必须进行沉淀、过滤处理，防止泥沙污物及敌害生物进入。水质要求清洁，透明度大，pH 值 7 左右，盐度低于 0.649％，溶解氧含量高。河水、井水、水库水、池塘水、自来水等经过澄清、过滤和曝气后均可用于孵化。

（2）水温：泥鳅受精卵孵化过程中，不同水温，孵化效果不同。最适孵化水温为 25℃～28℃，水温变幅不宜超过±3℃。因此泥鳅孵化用水可预先放在贮水池，进行曝气增氧和水温调节。防止水温过高或过低，导致畸形或死亡，大大降低孵化率。

（3）光照：泥鳅为阴暗隐蔽环境的底栖性生物，自然界中受精卵孵化环境较阴暗。因此在人工孵化过程中，孵化池宜建遮阳设施，避免阳光直射而引起畸变或死亡。

（4）溶解氧：胚胎发育对水中溶解氧要求较高，尤其在脱膜前期。水体缺氧，胚胎发育缓慢，甚至停止发育而死亡。受精卵孵化过程中，为保证水体适宜的溶解氧，微流水的浅水处孵化较好。但在增氧流水时，注意水流速度，避免冲落鱼巢上的受精卵。孵化水深20～25cm，并尽量少挪动鱼巢。

（5）水速调控：水流速度的控制一般采用"慢—快—慢"的方式。脱黏受精卵孵化前期，调节水速使卵粒翻动到水面为准，流速大概为0.1m/s。在胚胎脱膜前后，水体溶解氧增加，宜加大水流量，流速大概为0.2m/s。当受精卵全部孵化后，泥鳅苗游动能力差，水流速宜适当减缓，并及时清除卵膜，保持水流畅通。当泥鳅苗能平游时，再次降低流速，避免幼弱苗消耗过大。

（6）敌害生物：泥鳅卵孵化过程中，孵化池上需覆盖尼龙网片，防止敌害生物青蛙、水蛇、野杂鱼等侵入。一旦发现，立即捕杀。

（7）日常管理：孵化过程中，经常洗刷孵化环道、孵化缸、孵化池、孵化网箱等孵化设备的滤网，清除污物。脱膜阶段及时清理卵膜和杂物，保持水流畅通。用1～2mg/L漂白粉溶液浸泡受精卵20分钟左右，能有效地预防水霉病的发生。泥鳅受精卵对食盐水较敏感，生产上一般不用食盐水来浸泡。

（8）鱼巢取出：用鱼巢孵化时，刚脱膜的泥鳅苗附着在鱼巢中，游动能力差，其后才会慢慢游离鱼巢。待泥鳅苗脱离了鱼巢，可在水中轻抖鱼巢，荡出泥鳅苗，取出鱼巢，清洗消毒后备用。

（七）泥鳅水花苗培育

刚孵出的泥鳅苗体长2.5～4mm，身体透明，不能自由活动，用头部附着在鱼巢、池壁或其他物体上，以吸收卵黄营养而生长发育。出苗约3天后，全长约5.3mm，卵黄囊吸收完毕，口器形成，尾鳍鳍条出现，鳔出现，泥鳅苗从侧游逐步转为短距离平游，取出鱼巢，开始投喂食物。如不喂食，第五天泥鳅苗便开始死亡，第十天几乎全部死亡。

1. 培育池要求

选择在水源方便，水质良好的泥鳅养殖池旁边建设专用泥鳅培育池。培育池面积不宜过大，一般为 $20\sim50m^2$，池壁光滑不漏水，高度为70cm左右，泥池底和池壁要夯实，防止泥鳅逃逸。水泥池底铺设一层 $10\sim30cm$ 的腐殖土。下苗前，清洗干净培育池，并进行消毒。

2. 培育池消毒

新建的水泥池，不宜直接培育，必须先清洗干净。常用清洗新水泥池的方法有以下几种。①醋酸法：用醋酸洗刷水泥池表面，然后注满水，浸泡 $2\sim3$ 天，待水体中性后方可放苗。②过磷酸钙法：每立方米池水中溶入过磷酸钙肥料1kg，浸泡2天左右；③酸性磷酸钠法：每立方米水中溶入酸性磷酸钠20g，全池浸泡2天左右；④稻草、麦秸浸泡法：培育池注满水，放入一定数量的稻草或麦秸，浸泡1个月左右。放尽浸泡水后，注入新水，测试水体pH值为中性时才可放苗。或取适量水，用几尾泥鳅苗进行试水，$1\sim2$ 天泥鳅苗无不良反应后才可放苗。

已用过的土池或水泥培育池在泥鳅苗下池前也必须进行消毒处理，每 $100m^3$ 用生石灰 $9\sim10kg$，排尽池水，用水溶解生石灰，然后趁热全池泼洒，第二天耙动池底淤泥，$3\sim5$ 天后注入新水 $20\sim30cm$ 深。$7\sim10$ 天后，试水，再放苗。

3. 肥水

为了使泥鳅苗下池后能立即吃到适口饵料，应预先肥水。泥鳅的开口饵料为小型浮游动物，如轮虫、小型枝角类等。消毒后的培育池，可施加适量的经过发酵的人畜粪、绿肥、堆肥等有机肥和无机肥肥水。一般水温25℃，施肥 $7\sim8$ 天后水体轮虫可达到高峰期，泥鳅苗即可入池。3～5 天可适量追肥，保持水体轮虫的含量。

水质清瘦池塘可用化肥快速肥水。水温低时，每 $100m^3$ 可施加硝酸铵 200～250g，水温高时，可施加尿素 250～300g，每两天施一次，连施 2～3 次即可。施加氮肥为主，适宜搭配钾肥，或配合使用粪肥等有机肥料，效果更佳。施加各种肥料最好选择晴天。

豆浆培育法：豆浆可以直接作为泥鳅苗的开口饵料，而且还可以培育水体中的浮游动物。泥鳅苗下池 5 天后，每天的干黄豆用量可增加至每 $100m^2$ 水面 0.75kg 左右（打成豆浆），早、晚共两次，均匀泼洒全池。

在泥鳅苗下塘前 1～2 天，可用鱼苗网在池内拖几次，俗称"拉空网"，清除池塘重新繁殖的有害生物。

4. 放养方法

泥鳅苗孵化后 4～5 天，能够正常游动和摄食时立即下池。选择晴天上午 8～10 时或下午 3～5 时，在池塘的上风处，轻轻拨动池水，让泥鳅苗从容器中缓慢自动游入池中。在放养泥鳅苗前，先投喂适量食物。

5. 放养密度

静水池塘，放养密度以 600～800 尾/m^2 为宜，流水培育密度可增加，放养密度为 800～1500 尾/m^2。

6. 放养方法

养殖场自己孵化出的泥鳅苗，一般留原池培育，水深保持在 20～30cm，过密时可取出部分泥鳅苗另池培育。先将泥鳅苗在放养池囤箱中暂养半天，投喂食物，然后再进行放养。经过长途运输的泥鳅苗，在下塘前，为了防止温差过大，一般先将装有泥鳅苗的氧气袋漂浮于培育池水体 20～30 分钟，然后打开氧气袋，缓慢灌入池水，让泥鳅苗自行从袋中游出。每个培育池放入同一批次孵化的泥鳅苗，以免大小悬殊，出现大吃小的现象。

7. 投喂

泥鳅苗投喂煮熟研碎的蛋黄或鱼粉悬浮液，第一天每 10 万尾投喂 1 个熟蛋黄，第二天 1.5 个，第三天 2 个。投喂鱼粉时，用量为每 10 万尾投喂 10g 鱼粉。每天 2～3 次，投喂量以 1 小时内吃完为准。方法是将蛋煮熟，取出蛋黄，捏碎溶解于干净水中，用 120 目筛绢过滤，用滤液进行投喂。2～3 天后，苗体颜色由黑色转变成淡黄色，可以改投水蚤、轮虫、捣碎的丝蚯蚓或蚕蛹等。脱膜孵化半个月期间，泥鳅不能进行肠道辅助呼吸，所以除水体保证有充足溶解氧外，还得控制泥鳅苗的食量，防止肠道堵塞而中毒身亡。

8. 日常管理

（1）水质管理：培育初期，池塘水深约 30cm，培育后期，水深为 50cm，每 5 天交换适量水，注意水温变幅不超过 1℃～3℃，保持水温 30℃以内，水体透明度保持在 15～20cm，水色黄绿。培育池宜投放一定量的浮萍，便于泥鳅苗吸附在浮萍根须下，让其处于温度稍低的环境中。

（2）巡塘：每天坚持早、中、晚巡塘检查，观察泥鳅摄食、活动、生长及水质变化情况，及时调节水体，保持充足溶解氧，防止泥鳅苗缺氧死亡和水质恶化。一旦发现泥鳅苗离群慢游，体色转黑，必须立即检查诊断病因，及时进行药物治疗，防止疾病蔓延。

（3）防逃：泥鳅苗身体细小，池壁稍有洞隙，易钻洞逃跑；雨天或注入新水时，泥鳅苗也容易顺水而逃。因此，经常检查养殖池，堵塞漏洞，防止逃逸。池塘进排水口设有两层密网，池壁设有 30cm 左右的防逃墙，池外四周可设有水沟。

（4）敌害清除：泥鳅苗培育时期主要的敌害生物有青蛙、水蜈蚣、水蛇、水老鼠、野杂鱼、蜻蜓幼虫等。每天定时巡塘检查，驱赶、捕捉或捞取敌害生物。条件允许，可在培育池上方搭建遮阴棚，起到遮阴、调节水温和防止敌害生物的作用。

（八）泥鳅夏花培育

经过半个月培育，全长由 2～5mm 长至 2～3cm 时，便可进行泥鳅夏花培育。选择体色鲜嫩，体形匀称、肥满，大小一致，逆水游动能力强、同一批次孵化的优质苗进行同一池塘的夏花培育。泥鳅夏花培育池要求同泥鳅水花培育池，池水深可适度增加为 40～60cm。

1. 泥鳅苗选择

选择优质泥鳅苗可以从以下几个方面入手：

（1）将泥鳅苗舀放在白色瓷盘中，慢慢地倒掉水，在瓷盘底能强力挣扎，头尾弯曲呈圆状的为优质苗。黏附在盘底，挣扎力弱，头尾稍扭动的为弱质苗。

（2）将泥鳅苗放在水缸或木桶中，用手搅动水，生成漩涡，沿着漩涡边缘逆水游动的为优质泥鳅苗，卷入漩涡而无力抵抗的为弱质苗。

（3）泥鳅苗放在白色瓷盆中，吹动水面，朝风逆水游动的为优质苗，随波逐流的个体为弱质苗。

（4）将泥鳅苗放在白色瓷盆中，体色鲜嫩，体形匀称，游动活泼的个体为优质苗，否则为劣质苗。

2. 放养密度

培育 10～15 天的泥鳅苗，体长 2～3cm，放养密度为 500～1000 尾/m²。

3. 饵料投喂

肥水和投喂相结合投喂半个月左右，逐步改为以投饵为主。可先在池塘撒投粉末配合饲料，然后再将粉末调成糊状，进行定点投喂，并随着泥鳅的逐步长大，再在饲料中逐步添加米糠、麦麸、菜叶、动物内脏糜等。投喂量由 2%～3% 逐步增加到 5% 左右，不宜超过 10%。每天上午、下午各一次，以 2 小时内吃完为宜。并根据水质、气温、天气、泥鳅苗的摄食及生长发育情况及时调整食量。

孵出 15 天后，泥鳅苗肠道呼吸功能逐步增强，但还不到生理健全的程度，仍然需要控制食量，少投蛋白质含量高的饵料。

4. 分池养殖

泥鳅苗培育到 3～4cm 时，须及时进行分养，降低密度，转入稻田、池塘、坑中进行成鱼饲养，或低密度继续培育。分池的工具常用布网，围捕后的泥鳅苗放入网箱中，用网筛进行筛选。动作要求轻巧，避免伤苗。分池前一天，停止喂食。然后用夏花渔网将泥鳅集中到网箱中。

第三节　营养需求

泥鳅健康养殖，重要的一环就是科学、合理地使用饲料，满足不同生长发育阶段的营养需要，提高机体抗病力，充分利用各营养组分，避免营养物质浪费和不良物质积累，降低成本，减少污染，达到高效、高产、高质的目的。

泥鳅养殖过程中，主要需要蛋白质、脂肪、碳水化合物、无机盐、维生素等物质，缺少任何一种营养物质均有可能影响其正常生长与发育，甚至致病死亡。

一、蛋白质

蛋白质是泥鳅生长发育及维持生命的必需营养物质，也是体内酶和激素的重要组成部分。饲料中蛋白质在泥鳅消化道内被分解成氨基酸，被吸收利用而合成泥鳅体内的蛋白质。泥鳅体内蛋白质积累是随着饲料蛋白质含量提高而呈线性增长的，达到最适含量时，泥鳅增重达最大值。饲料中蛋白质含量过高或过低，泥鳅增重反而逐渐减慢，并影响泥鳅肌肉蛋白质含量。

泥鳅对饲料蛋白质的最适含量因生长阶段、养殖环境等不同而有所差异。

（一）不同品种和规格的泥鳅对饲料蛋白质最适含量要求

不同品种、不同规格的泥鳅，其食性均为杂食性，但对饲料蛋白质最适含量要求还是有所差异。偏食动物性饵料泥鳅要求饲料蛋白质含量高，而杂食性泥鳅要求较低。泥鳅苗生长速度快，对蛋白质要求含量高，最适蛋白质水平为 39.52%。成鱼生长速度减慢，对蛋白质要求就较低。

（二）生态环境条件影响泥鳅蛋白质最适含量

水温高，泥鳅摄食量大，生长快速，对饲料蛋白质含量要求就高，反之则低；水体溶解氧丰富时，泥鳅活跃，生理活动及代谢强，因而对饲料蛋白质需求增加；水体天然饵料丰盛时，能直接为泥鳅补充高蛋白质饵料，因此人工饲料的蛋白质要求就降低。反之，对饲料蛋白质需求就高。

（三）泥鳅生理状态影响其蛋白质最适含量

泥鳅患病时，其生长停滞，对饲料蛋白质需求就低；当新陈代谢旺盛，生长迅速时，抑或性腺趋于成熟时，泥鳅对蛋白质需求就相对要高些。

（四）饲料蛋白质营养价值影响蛋白质最适含量

饲料中氨基酸含量丰富，比例合理，蛋白质利用效率就高，泥鳅对蛋白质的需求量就可减少，可节约蛋白质，否则就会增加需求量。

（五）饲料能量比例影响蛋白质最适含量

饲料中能量丰富时，不必消耗蛋白质来满足泥鳅能量需求，起到了节约蛋白质的作用，从而节约了蛋白质的需求量。

（六）养殖模式影响泥鳅蛋白质最适需求量

高密度集约化养殖泥鳅时，必须补充高蛋白优质饲料来满足其最适生长，因此饲料中蛋白质含量就稍微高些。套养或大水面稀养时，饲料蛋白质含量可适当降低些。

实际生产过程中，养殖户可综合各方面的影响因子，确定泥鳅饲料中的最适蛋白质含量。有时养殖户为达到最低成本投入而获最大经济效益的目的，也可不达到泥鳅最适蛋白质需求。

饲料蛋白质营养需求其实主要是对氨基酸的需求，氨基酸种类及比例的不同，饲料蛋白质营养价值就不同，泥鳅所呈现的生长发育速度也就不同。氨基酸分为必需氨基酸和非必需氨基酸，必需氨基酸是泥鳅体内无法合成的，只能通过体外获得，其含量与比率直接影响饲料蛋白质的营养价值。当饲料中各种氨基酸的含量及比例同泥鳅营养需求相一致时，也就是氨基酸平衡时，饲料就能满足泥鳅生长需求。

实际生产过程中，养殖户可以根据泥鳅生长阶段、饲料种类、生活环境，并结合自身的养殖效益等不断进行氨基酸调整，以保证泥鳅不同状态下均能摄食到氨基酸平衡的饲料。在饲料中添加所缺乏的限制性氨基酸，合理搭配各种蛋白质饲料，使各种氨基酸取长补短，提高蛋白质饲料利用效率。

二、脂肪

脂肪是泥鳅生长所必需的营养物质，同时还是重要的能量物质和脂溶性维生素（维生素 A、维生素 D、维生素 E、维生素 K）的溶解介质。从营养、环保、生态学和经济方面综合考虑，配合饲料的能量尽量由脂肪和碳水化合物提供，减少蛋白质含量和生产成本，提高饲料利用率。

泥鳅在生长过程中，为维持泥鳅正常生理及生长，必须由饲料提供一定量的不饱和脂肪酸，否则容易引起缺乏症，这类脂肪酸叫必需脂肪酸。必需脂肪酸是组织细胞的组成成分，对线粒体和细胞膜结构特别重要，在体内必需脂肪酸参与磷脂合成，并以磷脂形式出现在线粒体和细胞膜中。其必需脂肪酸含量的多少是评价脂肪营养价值高低的重要指标。

饲料中必需脂肪酸需求量，反映了泥鳅所有器官和组织需求量的总和，并受到温度、盐度等环境因素以及年龄、季节、生长阶段等条件影响。泥鳅适宜脂肪含量为 $4\%\sim8\%$。必需脂肪酸缺乏时，泥鳅生长受阻，饵料利用效率减少，死亡率也随之增加。

三、碳水化合物

泥鳅饲料中的碳水化合物主要是淀粉和纤维素，淀粉中可消化的碳水化合物有着重要的能源作用。泥鳅是变温水生动物，饲料中对能量的要求较陆生动物低，但不能缺乏。饲料中碳水化合物含量过高或过低，一样也会影响泥鳅的生长发育。含量过高时，能量转为脂肪，积累在动物体内，同时也会影响蛋白质和其他营养物质的吸收。含量过低时，蛋白质被当作能量物质利用，降低了蛋白质利用率。

水池动物养殖投喂饲料时，必须了解饲料中碳水化合物最适含量，以便科学投喂。由于不同种类鱼消化道内淀粉酶活性差异显著，饲料中碳水化合物含量也有明显不同。杂食性鱼类，消化道内淀粉酶活性较高，淀粉消化吸收率也高，因而作为能源的碳水化合物利用率也较高，一般碳水化合物最佳含量为 $40\%\sim45\%$。

泥鳅对不同碳水化合物物质的利用能力不同，尤以单糖中葡萄糖利用率最高，其次为麦芽糖、半乳糖、蔗糖、糊精及淀粉，利用率较差的是半纤维素和纤维素。纤维素虽然不能很好地被利用，但是能有效地促进肠道蠕动，帮助其他营养物质消化吸收和粪便的排出。纤维素过量时，机体需要消耗过多能源用于消化道的蠕动，从而降低其他营养物质，尤其是蛋白质的利用率，故饲料中纤维素含量一般有数目限制。泥鳅饲料中纤维素含量不宜超过 12%。

饲料中碳水化合物的适宜含量，不但同碳水化合物种类有关，同泥鳅生长阶段、生长环境也有一定的相关性。碳水化合物含量与蛋白质含量有一定的比例，幼苗在高水温时，蛋白质含量高，碳水化合物需求量低，当蛋白质含量不足时，可消化碳水化合物或脂肪来节约蛋白质。一般饲料中碳水化合物含量变幅为$10\%\sim45\%$。

四、无机盐和微量元素

无机盐和微量元素不能供给机体能量，但在正常生命活动中具有重要意义，是组织结构的构成成分，也是维持正常生理功能所必需的物质。所以，泥鳅饲料中无机盐和微量元素是必需的也是极其重要的。

无机盐即为矿物质，指在泥鳅体内各种元素，除碳、氢、氧和氮主要以有机化合物形式出现外，其余各种元素则无论以何种形式存在，含量多少，可统称为无机盐。微量元素是指含量极少，甚至痕量的物质，如铁、铜、锰等。

无机盐的生理功能：无机盐是构成机体组织的重要材料。钙、磷、镁是骨骼的重要成分，硫是构成组织蛋白的成分，铁是血红蛋白及细胞核的转化组成成分；无机盐和蛋白质协同维持组织细胞的渗透压，维持机体酸碱平衡，维持神经、肌肉兴奋性和细胞膜的通透性。同时很多无机离子还是体内很多酶系的激活剂或组成成分。

矿物质元素不能自身合成，不能相互转化或替代，因而泥鳅饲料中必须添加适量、多种矿物质元素，以免影响机体正常生长与繁殖。

五、维生素

维生素是维持泥鳅正常生理功能的必需化合物，体内不能合成，或合成数量较少，必须经常由食物提供。维生素种类多，存在于天然食物中，在动物机体内不提供能量，也不是动物机体的构造成分，但是饲料中不可或缺的物质。当饲料中某种维生素长期缺乏或不足时，便可能引起代谢紊乱及发生病理变化，而形成维生素缺乏症。因此饲料中适量的维生素不仅可以预防维生素缺乏症的出现，而且还保证了泥鳅机体的最佳健康水平。

根据物理性质，维生素可分为脂溶性维生素（如维生素 A、维生素 D_3、维生素 K_3、维生素 E）和水溶性维生素（如维生素 B_1、维生素 B_2、维生素 B_6、维生素 B_{12}、叶酸、泛酸、肌醇、生物素、胆碱、对氨基苯甲酸、烟酸及维生素 C 等）两类。泥鳅对维生素的需求量随规格、生长阶段、环境因素等因子的不同而有所变化。再者，在正常贮存时间内，维生素变质损耗及饲料加工过程的破坏，饲料中维生素添加量一般为生长测定中最低需求量的 2 倍以上。一般维生素添加量为 $0.3\%\sim0.5\%$（饲料干重含量）。

在确定维生素最适添加量时，还要考虑以下几种情况。①加工和贮存对维生素的破坏。②维生素 C 极易被氧化。为了保证饲料中维生素 C 足够量，限制使用氧化脂肪，应注意贮存条件。③添加维生素时，不能将饲料中其他各成分维生素含量估算在内。④某些饲料成分含有天然存在的抗营养因子，可降低或妨碍维生素的功能。

在实际生产过程中，为了提供足量维生素，除了可用添加维生素的方法来解决，还可通过其他方法来解决。①喂养泥鳅时，在配合饲料中添加一定比例的酵母粉、鱼油、萍类、青干草粉等，或可直接投喂适量青绿饲料、发芽饲料及萍类饲料；②高密度集约化养殖时，除添加复合矿物质添加剂外，还可适量添加胆碱、维生素 E、泛烟酸钙等，能显著提高饲料效率及改善肉质。青绿饲料及干草粉中含有维生素 C、维生素 A、维生素 D、维生素 B_1、维生素 B_2 等，发芽饲料中含有丰富的维生素 E 和维生素 B_1，动物蛋白饲料中存在维生素 A、维生素 K、维生素 B_{12} 与烟酸。

泥鳅是杂食性鱼类，偏向动物性饵料。人工养殖过程中，投喂单一饵料，泥鳅生长速度受到影响，明显低于配合饲料养殖。单独投喂动物性饵料时，还容易造成泥鳅贪食，引起消化不良，"胀气"而亡。

六、人工配合饲料

人工配合饲料是指人们根据动物不同生长阶段、不同生理特点、不同养殖模式下对各类营养成分的需求，按照营养配比平衡的要求，把多种不同营养成分与来源的饲料按一定比例搭配混匀，通过合理的特定工艺流程生产而成的饲料。为了大规模化生产和无公害养殖泥鳅，科学合理地研制配合饲料是非常必要的。

（一）人工配合饲料的优势

1. 人工配合饲料中蛋白质稳定，制作精细，便于运输、贮存、常年稳定供应和投喂，特别适合集约化养殖和大规模养殖。

2. 通过合理的原料搭配，提高单一饲料养分的实际效能和蛋白质生理价值，饲料营养全面且效价高，能满足生长发育的营养需要。因此，配合饲料投喂效果好，增重率比天然饲料高。

3. 根据需要可人工添加免疫增强剂、引诱剂和防病药物，改善泥鳅的消化和营养状况，提高泥鳅食欲和摄食量，增强体质和抗逆能力，起到防病治病的效果。

4. 扩大了饲料源，因地制宜地选用当地营养成分较高又廉价的原料资源，配制适口饲料，充分利用饲料资源，降低饲料成本。

（二）配制原则

人工饲料的配制不是简单地混合，而是根据各类原料特性和动物习性、生理特征等，采用合理的加工工艺，制成营养全面、适口性好的饲料。配制过程中主要考虑以下几个方面。

1. 泥鳅对营养物质的需求量

泥鳅在不同的生长阶段，机体对营养物质的需求量不同。所以根据泥鳅对各类营养物质的需求量来设计配方是基本原则，饲料中某一营养物质的过多或缺乏，都将导致饲料的浪费，甚至使养殖动物生病或死亡。

2. 选择原料

配制饲料时，熟悉各种原料特性和营养成分，尽量就近选择或开发来源广、易得、廉价的各种饲料，精选出优质原料，进行科学、合理地搭配。从而降低了运输费，节约了饲料成本。

3. 了解各营养物质的相关性

为了科学、合理地配制饲料，不但需要详细了解各种营养物质的功能与需求量，而且更要弄清饲料中各营养物质的相关性，才能达到科学配合各营养物质、充分利用营养物质和最低废弃物排放的目的。

(1) 蛋白质、脂肪及碳水化合物的相互关系

蛋白质、脂肪及碳水化合物是饲料中三大有机营养物质，在机体代谢过程中可进行有限的相互转化。碳水化合物和氨基酸可转化为脂肪，而脂肪难以转化为碳水化合物和氨基酸；碳水化合物和脂肪转化为蛋白质时，只能合成非必需氨基酸，而不是必需氨基酸；蛋白质和碳水化合物转化为脂肪时，也只能合成非必需脂肪酸。

蛋白质、脂肪和碳水化合物在动物机体内也是相互影响的。当脂肪和碳水化合物供给不足时，蛋白质便作为能量物质被消耗。当能量提供量过高时，反而会限制蛋白质和其他营养物质的绝对摄入量，从而导致养殖动物营养不良，影响生长发育。

(2) 纤维素与其他营养物质的相关性

饲料中需要一定含量的纤维素，能够填充肠道，稀释其他营养物质，促进肠道蠕动，帮助消化吸收等。纤维素过量，反而会影响饲料营养物质的吸收。

(3) 氨基酸之间的相互关系

饲料中加入不同种类的氨基酸时，应先考虑氨基酸间的相关性，防止氨基酸浪费。有些氨基酸同时使用时可能会起到协同作用，也可能是拮抗作用。协同作用时，氨基酸间可以相互替代，或功效更显著，例如苯丙氨基酸与络氨酸、蛋氨酸与胱氨酸。拮抗作

用时，因为相互对抗而作用功效减弱或抵消，如精氨酸与赖氨酸、亮氨酸与异亮氨酸。

（4）维生素与矿物质的相关性

饲料中维生素与矿物质的相互关系也主要表现在两个方面，一个是协同作用，一个是拮抗作用。维生素 D 能有效地促使钙磷吸收，维生素 C 促进铁的吸收，维生素 E 必须在有硒存在的条件下发挥功效，并可代替硒，反之不能。饲料中矿物质元素能加速维生素 A 的破坏，能降低维生素 K_3、维生素 B_1、维生素 B_6 的效价；胆碱使钙磷吸收率下降等。

维生素与维生素间也存在协同与拮抗的作用，维生素 E 能促进维生素 A、胡萝卜素、维生素 D 的吸收，并促使胡萝卜素向维生素 D 转化，维生素 B_1 和维生素 B_2 能协同促使糖和脂肪代谢，而维生素 C 可促使维生素 B_1 和维生素 B_2 的吸收等；维生素 C 与维生素 B_2 相互破坏，高温下维生素 B_1 破坏维生素 B_{12}，胆碱破坏维生素 C、维生素 B_1、维生素 K、维生素 B_6 和泛酸。因此，一般无机盐和维生素不能混用，不同维生素也存在配伍禁忌。

人工制备配合饲料时，充分利用各种原料之间的营养互补关系，达到营养全面与均衡，提高饲料营养价值，避免造成单一饲料浪费或营养流失。投喂配合饲料，泥鳅体粗蛋白质量分数基本不变，粗脂肪质量分数提高，含水量下降，肌肉中非必需氨基酸、必需氨基酸更丰富，两者比值更高，保持了野生泥鳅的风味。

第三章　养殖场设计与建设

　　泥鳅个体小，有钻泥、跳跃的本事，善逃跑，抗病能力强，食性杂，生长速度不快，适应养殖的模式较多，如高密度单养或混养，养殖场地要求也不严，稻田、浅水湖、水库、沼泽、滩涂、鱼池、藕塘等。只要环境条件适宜，根据养殖规模的不同，可选择不同养殖池进行泥鳅的人工养殖。

第一节　养殖场地选址

一、环境位置

　　养殖场须选择温暖潮湿、通风向阳的区域建场，避开喧闹的场所、噪声较大厂区及风道口。周围无畜禽养殖场、医院、化工厂、垃圾场等污染源，养殖场内部和四周环境卫生良好，环境空气质量符合 GB3095 各项要求。

　　养殖中的生活垃圾应分类存放，可降解有机垃圾经发酵池发酵后循环利用。废塑料、废五金、废电池等不可降解垃圾应分类存放，集中回收。

二、气候条件

　　泥鳅为温水性动物，在适宜生长的 15℃～30℃ 温度范围内，其生长速度随环境温度的升高而加快。因此选择年平均气温较高的地区进行泥鳅养殖，可适当提高泥鳅生长速度，增加养殖效益。

三、水域条件

泥鳅适应性强，对水质要求不高，井水、河水、湖水、地下水、自来水等都能作为养殖的水源水。水源水须充足，排灌方便、不受旱涝影响，远离洪水泛滥地区和工业、农业和生活污染区，质量符合 GB3838（Ⅲ）和 GB11607 渔业水质标准要求。

泥鳅对养殖用水要求不严格，只要无异味，无有毒有害物质，水质符合 NY5051 无公害食品淡水养殖用水水质要求即可。水体溶解氧 3.0mg/L 以上，pH 值在 6.0～8.0，透明度为 15cm 左右，水色呈绿褐色，饵料丰富。温度较高、水质较肥的平原水较清冷的山溪水更适合泥鳅养殖。

四、土质要求

泥鳅养殖过程中，养殖池土质对泥鳅质量有较大影响，宜选择富含腐殖质的黏土底质建池为好，其次为壤土。黏土池保水性强，不易漏水，腐殖质丰富的黏土，容易繁殖出泥鳅爱吃的饵料。池底土质条件符合 GB/T18407.4《农产品安全质量　无公害水产品产地环境要求》，无工业废弃物和生活垃圾，无大型植物碎屑和动物尸体，底质呈自然结构。砖砌水泥池养殖时，只要地理位置适宜，一般不计较土质条件。

养殖池选址时，土壤的肥瘦、土壤透水性大小、有毒有害物质等具体指标均须采样送往具有相应检测资质的检测部门进行分析。而有关土壤种类的判定可用肉眼观察和手触摸的方式进行初步判定。

1. 重黏土：土质滑腻，湿时可搓成条，弯曲不断。

2. 黏土：土质滑腻，无粗糙感，湿时可搓成条，弯曲难断。

3. 壤土：湿时可搓成条，但弯曲有裂痕。

4. 砂壤土：多粉沙，易分散板结，用手摸如麦面粉的感觉。

　　5. 砂壤土：肉眼可以看到砂粒，手摸有粗糙感。

　　6. 砂砾土：有小石块和砾石。

　　沙土养殖池养殖的泥鳅，体黑色，脂肪少，骨骼较硬，肉质较差；黏土养殖的泥鳅，体色黄，脂肪多，骨骼软，味道鲜美，市场前景好。

　　养殖场临近水源建设，地势最好平坦宽阔，若有坡度，也可利用地势建池，进行自流排灌，可节约用电。

五、交通及信息

　　选择环境安静、治安良好、交通方便，供电充足，通信发达和有充足饵料来源的区域进行泥鳅养殖，以便苗种、饲料、养殖产品等畅通运输，保证养殖生产正常运行和及时了解市场行情，以获得较好的经济效益。

第二节　养殖场规划与布局

一、场地布局原则

　　养殖场的规划与布局需从地理环境、自然资源、经济效益等多个方面综合考虑，因地制宜地布局好养殖场，尽可能使场内布局紧凑、美观、节约土地、工程量小，创造良好生态环境，保证泥鳅最大限度地生长与繁殖，突显出养殖场的协调性、高效性、无公害性和经济性，同时要便于管理，经济实用。

二、养殖区

　　根据泥鳅生活习性、养殖模式、疫病防控和便于管理的原则，结合养殖场的地形、地貌和地质特点，合理规划与布局养殖场，规划出生活区、养殖区及养殖区内各类养殖池、辅助设施及排布方式等，做到生产基础设施、苗种繁育、养殖生产、质量安全管理等一体化，便于管理、生产和销售，提高生产效率，保证产品质量。

三、养殖池

大规模泥鳅养殖场，其养殖池类型、规格、防逃设施、食台等各设施均应符合生态养殖学原理，满足泥鳅生态习性要求，保证其健康生长。

大规模泥鳅养殖场一般设有亲鳅培育池、孵化池、苗种培育池和成鳅养殖池，以长方形为主，坐北向南，池深和面积大小因用途和环境不同而有差异。亲鳅培育池一般面积为 $10m^2$ 左右，池塘深度为 1m。产卵池，一般用其他合适的池代用，如孵化池等。孵化池面积为 $4\sim5m^2$，池深 $0.5\sim1.0m$。苗种培育池，面积为 $20\sim40m^2$，深度为 $0.8\sim1.0m$。成鳅养殖池面积为 $100\sim200m^2$，池深 1m 左右。不同类型池塘的数量视养殖规模而定，并结合养殖场长期规划，泥鳅养殖池深度可适当增加或减少，以便一池多用。例如，泥鳅养殖池深度与鳖、鱼养殖池深度接近，适当变化池塘深度，可用于多种水生动物养殖。池底有 $2\%\sim3\%$ 的比降，便于排尽池水。

（一）养殖池

1. 土池

挖建土池，池底和四壁夯实，池壁稍倾斜，有条件时用砖、石护坡，水泥勾缝。

2. 水泥池

池壁水泥光面，壁顶有 12cm 左右的防逃倒檐，池底进行防渗漏处理。先在池底铺上一层"三合土"，再铺上一层加厚塑料膜，再在上面浇注一层 5cm 左右的混凝土。水泥池深度因养殖方式不同而有所不同，有土养殖，池深 $0.7\sim0.8m$，无土流水养殖，池深为 $0.5m$。

3. 集鱼坑

泥鳅养殖池中央或排水口附近，挖一集鱼坑，大小为全池面积的 5%～7%，比池底深 30cm 左右，集鱼坑四周用木板、水泥或砖石围住，用于泥鳅躲避和捕捉泥鳅。水田养殖时，在稻田四周或按照对角线位置挖宽 1m，深 30～50cm 的集鱼坑，坑底需 10～15cm 厚的泥土。

（二）养殖废水处理池

泥鳅养殖池所有废水在排出养殖场前，必须进入废水处理池进行相应的处理。废水处理池面积大小、数量多少是根据养殖规模来确定的。废水处理池中种植水生植物用于净化养殖水体（种植面积不小于养殖水面的 10%）。

四、防逃设施

泥鳅喜欢钻泥，易逃逸，所以在修建养殖池时（水泥池除外），必须设有防逃墙。土池池壁和池底在挖成后须夯实，在池四周用水泥板、砖块、硬塑料板或木板从墙中央嵌入底泥中 15～30cm，且高出池埂 30～50cm，上设有向池中延伸 12cm 左右的尼龙网或金属网倒檐。

泥鳅养殖池进、排水口和溢水口都要装有金属丝或尼龙拦网，防止泥鳅逃跑和污物、杂鱼等敌害生物进入。防逃网最好设为双层，两层网目大小不一致，一层用于阻挡杂物、大型敌害生物，一层用于防止蛙卵等小型敌害生物进入，或防止泥鳅逃逸。

为了防止过多雨水流入养殖池，引起泥鳅逃逸，须在排水沟的一边设溢水口，深 5～10cm，宽 15～20cm，上有拦网，溢水口数量因水面大小而定。

第三节　配套设施建设

为了满足养殖动物的正常生长需求，防止养殖动物疾病的发生与蔓延，保证健康养殖的顺利进行，大规模养殖场不但要科学、合理地设计好各个养殖池，而且还需要有一套完备的配套设施。

一、进、排水设备

泥鳅养殖过程中，常常须定期或不定期地调换新水来改善水质，故养殖场合理地设置与布局好进、排水系统是一个非常重要的环节。进排水系统必须分开，从而避免疾病串池，互相传染，减少池塘泥鳅患病概率。同时通过自流灌溉，少用电或不用电，从而可节省能源。

（一）进水系统

采用"机埠—贮水池（水塔）—管道—阀门"结构。进水管一般采用镀锌铁管，规格因水流量的不同而有所差异。

（二）排水系统

以自动排完所有池水为原则设置排水设备。排水口低于池底约10cm，排水道低于池底约30cm，总排水渠口低于池底40cm以上，全场总排水口位置宜选择在场外地势低洼、具有蓄积全场排水量且能防止倒灌的地区。各排水总道和干道均建成砖混结构的明道，上铺预制板，不宜用管道。

（三）进、排水系统

养殖池进、排水系统不能混用，不能互相替用，需单独分开，且进、排水管宜建在相对的两条池堤上，尽可能缩短进、排水管长度，减少投资。进水口可设在地面上，用明渠或暗管，排水口设在池底，一般用暗管。进、排水管对角线设置。

二、增氧设备

高密度养殖泥鳅时，尤其高温季节，泥鳅容易缺氧，因此大规模养殖场必须配备一定数量的增氧机，以防泛塘。根据池塘面积和放养密度，放置适量数目的增氧机。生产上常选用充气增氧机，设备简单，性能可靠，机动性好，噪声比较小。工作时不但能加速水体对流，增加水体溶解氧，而且能释放水体有毒有害气体。

三、食台

养殖泥鳅，食台宜搭建在向阳、安静的水面，离岸边 1～2m 处。食台由网片、绳索和浮子制成，食台底部用比较密的网片，以饵料不穿过网片落入水底为标准，网片用绳索和浮子连接，使食台半漂浮在水面。或用芦席一张，周围用竹片夹住，四角按不同高度缚挂在竹竿上，形成一个斜坡样，一部分入水。抑或采取水下投饵，将食篮沉入水中，然后将饵料投入食篮里。每个食台面积一般为 $3～5m^2$，定期清除残饵，清洗食台。食台大小和数量根据养殖池大小和投放泥鳅数量来定。

四、饲料车间与仓库

根据生产规模选购饲料粉碎机、搅拌机、冰箱、混拌饲料盆、缸等容器。饲料车间和仓库要求清洁干燥，通风良好，饲料质量符合 GB13078《饲料卫生标准》和 NY5072《无公害食品　渔用配合饲料安全限量》要求。防止饲料受潮、受鼠害、受到有害物质污染和其他损害。产品堆放时，每堆不超过 20 包，按照生产日期先后顺序摆放。产品按规定条件贮存，在保质期内用完，不投放过期产品。

药品仓库，专用于渔药的保管和配制，药品须有生产许可证、批准文号、生产执行标准，保证药品质量，并严格按照用药处方用药。

五、简易实验室

养殖场可设有实验室 2～3 间，配备显微镜、多功能水质分析仪、pH 计、高压灭菌锅、培养箱、无菌室等相关仪器设备，可进行养殖水质常规分析和泥鳅日常管理检查检疫，便于常规疾病的诊断与治疗。

六、档案室和值班室

生产管理档案室，面积为 12～15m²，室内配备档案柜、干湿度计和吸湿机等设备，用来保存生产技术资料、技术人员资料、投入与产出等相关资料，便于日后查阅。养殖场还须设立值班室，面积 10～15m²，供养殖值班人员专用。

七、道路设计

水产健康养殖场主干道宽应不低于 4m，支道宽 2～3m，干、支相连。并配置相应的绿化及必要的照明设施，陆地绿化率应在 8% 以上。

第四节　技术管理系统

一、资质条件

水产健康养殖场应有县级以上人民政府颁发的《中华人民共和国水域滩涂养殖使用证》，符合区域产业规划，通过无公害产地认证。

二、工作人员

水产健康养殖场主要负责人具有 4 年以上水产养殖及管理的经

验，并持有渔业行业职业技能培训中级证书，并配备2～3名水产养殖质量管理员，2～3名持有渔业行业职业技能培训初级证书的检测人员（主要负责检测和病害防治实验室工作）和若干名养殖工人。

三、管理制度

所有养殖业副产品、生产及生活垃圾分类收集，并进行无害化处理。每个养殖户可建5～10m² 大小的发酵池，发酵和循环利用有机垃圾。

四、安全生产制度

水产养殖符合 DB31/T348 的要求；配合饲料的安全卫生指标符合 GB13078 和 NY5072 的规定，鲜活饲料新鲜、无腐烂、无污染；药物选用按照 NY5071 和中华人民共和国农业部公告第193号的规定执行。养殖废水处理按照 SC/T9101—2007 标准规定执行。

五、可追溯制度

按 DB43/T634 的规定建立养殖生产档案，记录泥鳅苗种的放养投入，养殖生产的管理，疾病防治途径、用药取方、防治效果、水产品销售等过程，便于记录查询和水产品溯源。

第四章　泥鳅生态养殖技术

第一节　池塘生态养殖技术

一、苗种放养

泥鳅苗的放养密度，应根据季节、水源状况和饲料来源以及鳅池条件、饲养管理技术等灵活掌握。放养密度过大，鳅苗生长慢，发育不好，成活率低；放养密度过小，虽然鳅苗生长快，规格大，但浪费水面，加大养殖成本。一般在鳅苗体质好、水源排灌方便、饲料（肥料）来源广、放养季节早、饲料技术水平高等条件下，放养密度可适当大些，否则要适当减少放养量。一般一个池塘只能放置同一规格的泥鳅，在每平方米养殖池中可放养水花鳅苗（孵出2～4天的苗）800～2000尾，放养体长1cm（约10日龄）小苗500～1000尾，放养体长3～4cm夏花100～500尾，体长为5cm以上则可放养50～80尾。

放养前先铺肥泥6～7cm厚，并施足基肥以繁殖饵料生物，水面上养藻类水浮莲等植物，或用树枝、禾草等遮阴。对于多年使用的池塘，阳光的曝晒是非常重要的，一般在鳅苗入池前30天就要曝晒，将池塘的底部晒成龟背状，这样对于消灭池塘的微生物有很大的好处。由于池塘的底层淤积了很多粪便和剩余的饲料，所以池底的淤泥是病菌微生物生存的栖息地，而泥鳅又有钻泥的习惯，喜欢在池塘的底部活动，所以对于泥鳅养殖池来说，鳅苗入池之前，必须要清除底层的淤泥。一般情况下，用铁锹挖起底部深40cm的淤泥，集中在一起，然后用小车推到远离池塘的地方处理。在生产中，提前一周左右，采用生石灰消毒。生石灰能消灭多种病原菌及有害生物。生石灰经水溶化后，变成强碱性溶液，能杀死残留在池塘中的杂鱼、昆虫、蚂蟥、清泥苔、水网藻和一些较柔弱的水生植物，以及杀灭寄生虫、病原菌等，因此除菌效果特别好。生石灰的用量每亩 1000kg，加水溶化后直接泼洒到塘底，泼洒之后加注新水，经过一周的时间，才能将鳅苗入池。

鳅苗下池时，孵化池或盛鳅苗的容器里的水温与准备投放苗池的水温不宜超过±3℃，如温差过大，应待水温调整到接近时方能放苗，否则很容易引起鳅苗死亡。放养鳅苗时应选在池子的背风向阳处，要把盛鳅苗的容器轻轻倾斜于水中，然后再慢慢地把容器向后、向上倒提出水面，使鳅苗缓缓倾入水中。对于黏附于器壁上的鳅苗，用手轻轻泼水，使其顺水流进入池中。从外地运来的鳅苗，要选择体质强健、游动活泼、体表光滑、无伤无病并且规格基本一致的泥鳅苗种。放养前用 20～30g/L 的食盐水浸泡 10 分钟左右，以杀灭体表附着的病原体。同时也要注意缓缓下池，以提高泥鳅苗种的成活率。

二、饵料配制及投喂

（一）饵料种类及来源

泥鳅是杂食性鱼类，饵料来源很广，动物性饵料有：浮游动物（原生动物、枝角类、桡足类、轮虫等）、活体饵料（蚯蚓、蚕蛹、黄粉虫、蝇蛆、螺蛳、蚬子、蚌、虾、蟹、昆虫及其幼体等，最喜欢吃蚯蚓以及动物的下脚料（猪肝、猪肺、牛肝、牛肺等）；植物性饲料有：米糠、麦麸、豆饼渣、菜饼渣、酒糟及其他废弃物。一些肥料如猪牛羊粪及化学肥料能培养出丰富的水蚤、丝蚯蚓、昆虫等，所以也是泥鳅的间接饲料。

泥鳅养殖过程中，在充分培养天然饵料的基础上，还必须人工投喂饵料，投喂过程中应注意饵料质量，做到适口、新鲜。主要投喂当地数量充足、较便宜的饵料，这样不至于使饵料经常变化，而造成泥鳅阶段性摄食量降低。同时，饵料要新鲜，不能投喂变质饵料。在离池底 10～15cm 处建食台，饵料投在食台上。按"四定"原则投料，即定时（每天 2 次，上午 9 时和下午 4～5 时），定量（根据泥鳅生长不同阶段和水温变化，在一段时间内投饵量相对恒定），定位（在每 100m² 池中设直径 30～50cm 固定的圆形食台），定质（做到不喂变质饵料，饵料组成相对恒定）。每天投喂量应根据天气、温度、水质等情况随时调整。当水温高于 30℃时和低于 12℃时少喂，甚至停喂。要抓紧在开春后水温上升时期的喂食及秋后水温下降时期的喂食，做到早开食，晚停食。

（二）人工配合饲料

泥鳅专用的人工配合饲料以泥鳅营养需求为基础，针对不同生长发育阶段的营养要求，将各种能量物质和富含五大营养要素的原料按一定的比例配合、加工而成，具有适口性好、营养全面的特点。泥鳅的配合饲料一般分为三种规格，5～8cm 的鳅苗使用一种规格，8～12cm 的中泥鳅使用一种规格，12～20cm 的成鳅使用一种规格。三种规格的饲料不仅是颗粒大小的不同，其中，蛋白质的含量也不同，鳅苗的蛋白质含量要求高一些，成鳅的蛋白质含量要求低一些。

推荐饲料配方：

1. 鳅苗饲料：麦麸 42%，豆粕 20%，棉粕 10%，鱼粉 15%，血粉 10%，酵母粉 3%；中鳅饲料：麦麸 48%，豆粕 20%，棉粕 10%，鱼粉 12%，血粉 7%，酵母粉 3%；成鳅饲料：麦麸 50%，豆粕 20%，棉粕 10%，鱼粉 10%，血粉 7%，酵母粉 3%。

2. 小麦粉 50%，豆饼粉 20%，米糠 10%，鱼粉（或蚕蛹粉）10%，血粉 7%，酵母粉 3%。

3. 麦麸 20%～30%，菜籽饼 30%～40%，豆饼 15%～20%，

次粉 5％～10％，磷酸氢钙 1％～2％，食盐 0.3％。

4. 豆饼 25％，菜籽饼 35％，鱼粉 20％，蚕蛹粉 10％，血粉 7％，次粉 2％～3％。

使用配合饲料投喂的时候，要沿着池塘的边缘撒，要求撒得非常均匀，避免在某一个地方过于集中，引起抢食的现象。泥鳅的投饵量是根据泥鳅的总重量计算的，初期投喂量约为体重的 2％，盛夏泥鳅增重最快，投饵量可增加至体重的 5％。早春、初秋投饵量为体重的 3％～4％。投喂次数一般每天上午、下午各一次，初秋和初夏可改为中午投喂一次。在 5～9 月气温升到 25℃～28℃时，泥鳅十分活跃，吃食最多，要时时保持水肥饵足，以促进泥鳅生长。当水温超过 30℃时泥鳅便钻入泥中避暑，这时应注意勤换新水，以增加水中氧气和调节水的温度。

（三）天然饵料的采集

泥鳅的天然饵料包括浮游植物、浮游动物、底栖生物、腐屑和细菌等。水蚤以及水蚯蚓等是泥鳅天然水体中比较普遍、容易捕捞的动物性饵料。下面介绍几种天然饵料的采集方式：

1. 长刺水蚤：长刺水蚤生长于池塘、水坑、溪沟和沼泽的浅水中。春秋季节繁殖最旺盛，可以选择黎明、傍晚或者连续阴天时进行捕捞。捕捞工具及方法：用直径约 6mm 的钢筋卷成直径约 15cm 的圆圈，并将其固定在竹竿的一端，然后用细纱布制成长 1m、口直径 16cm、尾直径 6cm 的圆筒状网，网底不缝合（使用时以细绳系紧即可），网口用线缠附在钢筋圆圈上，并缠附上与圆圈大小相同的塑料窗纱，竹竿长 1.5～2m。捕捞时，站在岸边或水中，两手持网柄来回用力推动网口在水中连续画圈，水蚤就不断进入网中。捞足后，将网提上岸，解开网尾端的细绳，轻轻地将水蚤倒入盛有水的桶内，即可运回投喂。

2. 剑水蚤：生长于水质肥沃的江河、湖泊、池塘、水坑中。繁殖季节、捕捞时间、捕捞工具及方法同长刺水蚤。

3. 裸腹蚤：生长于水坑、水塘、水库、河流的淡水中，常大量浮集于水面上，形成一片红棕色。繁殖季节、捕捞时间、捕捞工具及方法同长刺水蚤。

4. 水蚯蚓：体长 35～55mm、宽 0.5～1.0mm，体色褐红，后部黄绿色。生长于污泥肥沃的江河浅滩处，呈片状分布，喜欢偏酸性、富含有机质、水流缓慢或受潮汐影响时干时湿的淡水水域。捕捞工具：长柄抄网。长柄抄网由网身、网圈和捞柄三部分组成。网身长 1m 左右，用每厘米 8 目的密眼塑料纱网缝制而成，做成长袋状，呈腰鼓形，即上口直径 15cm、中腰直径 40cm、下底直径 30cm。下底不缝合，用时用绳扎牢。袋口固定在网圈上。网圈用直径 8～10mm 的钢筋或硬竹片制成，网圈直径略小于网身上口直径，网圈牢固地固定在捞柄上。捞柄采用直径 4～5cm、长 2m 的木棍或竹竿。捕捞方法：在平坦、少砖石、流速缓慢、水深 10～80cm 处作业。人站在水中用抄网慢慢捞起水底表层浮泥，捞到一定量后，提起网袋，在水中反复荡洗、漂去淤泥，然后收集水蚯蚓。同时，要及时清理网孔。

（四）泥鳅活饵的培育

1. 水蚤培育：水蚤是指水生枝角类和桡足类两大类浮游动物，其营养丰富、容易消化，是鳅苗、鳅种的适口饵料。人工培育水蚤喂鳅成本低、鳅类生长快、增产效果好。

建池：土池或水泥池均可。池深约 1m，大小以 10～30m² 的长方形为宜。注水：池中注水约 50cm 深。水蚤适宜的水温为 18℃～25℃，pH 值为 7.5～8，溶氧饱和度为 70%～120%。

施肥：土池每立方米水体投牛、马粪或其他畜粪 4kg，稻草、麦秸或其他无毒植物茎叶 1.5kg 作基肥，10 天后追肥一次，追肥量同基肥，此后再根据水色酌情追肥，使水色保持黄褐色。水泥池每立方米水体投牛、马粪或其他畜粪 1.5kg，加沃土 1.5～2kg，以后每隔 8 天再追肥一次，追肥量为牛、马粪或其他畜粪 0.75kg。

培育：不论是土池还是水泥池，都可采用酵母与无机肥混合培养法。每立方米水体投酵母 20g，酵母可先在水中浸泡 3～4 小时，再泼入池中，每立方米水体施碳酸铵 65g、硝酸铵 37.5g，以后每隔 5 天施一次，其用量为开始的一半。投放酵母后，将池水曝晒 1～3 天后，就可以放入水蚤作种，用种量为每立方米水体 30～50g。

捞取水蚤种入池 15～20 天后，经大量繁殖，可布满全池。这时，即可分批捞取喂鳅。一般每隔 1～2 天捞取一次，一次捞取总量的 10%～20%。在水温 18℃～20℃的环境下，可常捞常有，连续不断。

2. 水蚯蚓培育

建池：宜选水源充足、排灌方便、坐北朝南的地方建池。池长 10～30m、宽 1～1.2m、深 0.2～0.25m。池底最好铺一层石板或打上"三合土"，要求蚓池有 0.5%～1% 的比降，在较高的一端设进水沟、口，较低的一端设排水沟、口，并在进、排水口设置金属网拦栅，以防鱼、虾、螺等敌害随水闯入池中。注意蚓池要有一定的长度，否则投放的饲料、肥料易被水流带走散失。如果无法建成长条形时，可因地制宜建成环流形池或曲流形池等。

制备培养基：优质的培养基是缩短水蚯蚓采收周期从而获得高产的关键。培养基的原材料可选择有机腐殖质碎屑丰富的污泥（如鱼塘淤泥、稻田肥泥、污水沟边的黑泥等）、疏松剂（如甘蔗渣等）和有机粪肥（如牛粪、鸡粪等）。先在池底铺垫一层 10cm 厚的甘蔗渣或其他疏松剂，用量是每平方米加 2～3kg。随即铺上一层污泥，使总厚度达到每平方米 10～12cm，加水淹没基面，浸泡 2～3 天后施牛、鸡、猪粪，每平方米 10kg 左右；接种前再在表面覆一层厚 3～5cm 的污泥，同时在泥面上薄覆一层发酵处理的麸皮与米糠、玉米粉等的混合饲料，每平方米撒 150～250g；最后加水，使培养基面上有 3～5cm 深的水层，新建池的培养基一般可连续使用 2～3 年，此后则应更新。

引种与接种：每年秋季（9月中下旬），当气温降至28℃左右时即可引种入池。水蚯蚓的种源各地都不缺乏，在城镇近郊的排污水沟、港湾码头、畜禽饲养场及屠宰场的废水坑凼、糖厂、食品厂排放废物的污水沟等处比较丰富，可就近采种。接种工作比较简单，采种蚓可连同污泥、废渣一起运回，因为其中含有大量的蚓卵。把采回的蚓种均匀撒在蚓池的培养基面上即告完成。每平方米培养基按300～600g接种为宜。

饲料与投料：水蚯蚓特别爱吃具有甜味的粮食类饲料，畜禽粪肥、生活污水、农副产品加工后的废弃物也是它们的优质饲料。饲养过程中所投饲料（尤其是粪肥）应充分腐熟、发酵，否则它们会在蚓池内发酵产生高热"烧死"蚓种与幼蚓。粪肥可按常规在坑凼里自然腐熟，粮食类饲料在投喂前16～20小时加水发酵，在20℃以上的室温条件下拌料，加水以手捏成团，丢下即散为度，然后铲拢成堆，拍打结实，盖上塑料布即可。如果室温在20℃以下时需加酵母片促其发酵，用量是每1～2kg干饲料加1片左右，在头天下午3～4时拌料，第2天上午即能发酵熟化。揭开塑料布有浓郁的甜酒香即证明可以喂蚓了。

欲使水蚯蚓繁殖快，产量高，必须定期投喂饲料。接种后至采收前每隔10～15天，每亩追施腐熟的粪肥200～250kg；自采收开始，每次收后即可追施粪肥300kg左右，粮食类饲料适量，以促进水蚯蚓快繁速长。投喂肥料时，应先用水稀释搅拌，除去草渣等杂物，再均匀泼洒在培养基表面，切勿撒成团块状堆积在蚓池里，投料时应停止进水，以免饲料漂流散失。投饲每3天投1次即可。每次投喂以每平方米0.5kg精饲料与2kg粪肥稀释均匀泼洒。投喂的肥料要经16～20天的发酵处理。

擂池与管理：这是饲养管理绝对不能缺少的一个环节。方法是用"T"形木耙将蚓池的培养基认真地擂动一次，有意识地将青苔、杂草擂入池里。擂池的作用，一是能防止培养基板结；二是能排出水蚯蚓的代谢废物、饲（肥）料分解产生的有害气体；三是能有效地抑制青苔、浮萍、杂草的生长；四是能经常保持培养基表面平整，有利于水流平稳畅通。水深调控在 $3\sim5cm$ 比较适宜，水质要清新，溶氧要丰富。池内最好保持细水长流，pH 值以 5.6～9 为宜。早春的晴好天气，白天池水可浅些，以利用太阳能提高池水温度，夜晚则适当加深，以保温防冻；盛夏高温期池水宜深些，以减少阳光辐射，最好预先在蚓池上空搭架种植藤蔓类作物遮阴。太大的水流不仅会带走培养基面上的营养物质、细菌和卵茧，还会加剧水蚯蚓自身的体能消耗，对增产不利，但过小的流速甚至长时间的静水状态又不利于溶氧的供给和代谢废物等有害物质的排出，从而导致水质恶化，蚓体大量死亡。实践表明，每亩养殖池每秒0.005～0.01m³（5～10kg）的流量就足够了。水蚯蚓对水中农药等有害物质十分敏感，工业废水、刚喷洒过农药的田水或治疗鱼病的含药池水都不能用。

采收与提纯。水蚯蚓的繁殖能力极强，一年四季都可以繁殖，为雌雄同体、异体受精。孵出的幼蚓生长 20 多天就能产卵繁殖。每条成蚓 1 次可产卵茧几个到几十个，一生能产下 100 万～400 万个卵。一年中以 7～9 月繁殖最快，其生长、繁殖适温为20℃～32℃。在适宜的环境条件下，新建蚓池接种 30 天后便进入繁殖高峰期，每天繁殖量是以倍数的形式进行的，且能一直保持长盛不衰。但水蚯蚓的寿命不长，一般只有 80 天左右，少数能活到 120天。因此及时收蚓也是获得高产的关键措施之一。采收方法是头天晚上断水或减小水流量，迫使培养池中缺氧，此时水蚯蚓群聚成团漂浮在水面，第 2 天一早便可很方便地用 24 目的聚乙烯网布做成的小抄网舀取水中的蚓团。每次蚓体的采收量以捞光培养基面上的"蚓团"为准，一般每次采收量每平方米可达 50～80g。这样既不影响其群体繁殖力，也不会因采收不及时导致蚓体衰老死亡而降低产量，一般下种 30 天左右即可采收。

为了提纯水蚯蚓，可将一桶蚓团先倒入方形滤布中在水中淘洗，除去大部分泥沙，再倒入大盆摊平，使其厚度不超过 10cm，表面铺一块螺纹纱布淹水 1.5～2.0cm 深，用盆盖盖严，密封约 2 小时后（气温超过 28℃时，密闭的时间要缩短，否则会闷死水蚯蚓），水蚯蚓会从纱布眼里钻上来，揭开盆盖，提起纱布四角，即能得到与渣滓完全分离的干净的水蚯蚓。此法可重复 1～2 次。将渣滓里的水蚯蚓再提些出来，盆底剩下的残渣含有大量的卵茧和少许蚓体，应倒回养殖池。

暂养与外运。若当天无法用完或售尽，应进行暂养。每平方米池面暂养水蚯蚓 10～20kg，每 3～4 小时定时搅动分散一次，以防结集成团缺氧死亡。需长途运输时，途中时间超过 3 小时，应用双层塑料膜氧气袋包装，每袋装水蚯蚓不超过 10kg，加清水 2～3kg，充足氧气，气温较高时袋内还需加适量冰块，确保安全运抵目的地。

3. 黄粉虫的培育

生活习性：黄粉虫在 0℃以上可以安全越冬，10℃以上可以活动吃食。在长江以南一年四季均可繁殖。黄粉虫幼虫和成虫昼夜均能活动摄食，但以黑夜较为活跃。成虫虽然有翅，但绝大多数不飞跃，即使个别飞跃，也飞不远。成虫羽化后 4～5 天开始交配产卵。交配活动不分白天黑夜，但夜里多于白天。1 次交配需几小时，一生中多次交配，多次产卵，每次产卵 6～15 粒，每只雌成虫一生可产卵 30～350 粒，多数为 150～200 粒。卵黏于容器底部或饲料上。成虫的寿命 3～4 个月。卵的孵化时间随温度高低差异很大，在 10℃～20℃时需 20～25 天可孵出，25℃～30℃时只需 4～7 天便可孵出。为了缩短卵的孵化时间，尽可能保持室内温暖。幼虫经过 17～19 眠、75～200 天的饲养，一般体长达到 30mm，体粗达到 8mm，最大个体长 33mm，粗 8.5mm。幼虫活动的适宜温度为 13℃～32℃，最适温度为 25℃～29℃，低于 10℃极少活动，低于

0℃或高于35℃有被冻死或热死的危险。幼虫很耐干旱，最适湿度80％～85％。多次休眠的幼虫化为蛹，蛹光身睡在饲料堆里，并无茧包被。蛹有时自行活动，将要羽化为成虫时，不时地左右旋转，几分钟或十几分钟便可蜕掉蛹衣羽化为成虫。蛹期较短，温度在10℃～20℃时15～20天可羽化，25℃～30℃时6～8天可羽化。

温度与湿度：黄粉虫是变温动物，其生长活动、生命周期与外界温度、湿度密切相关。各形态的最适温度和相对湿度如下：卵，最适温度19℃～26℃，最适湿度78％～85％；幼虫，最适温度25℃～29℃，最适湿度30％～85％；蛹，最适温度26℃～30℃，最适湿度78％～85％；成虫，最适温度26℃～28℃，最适湿度78％～85％。温度和湿度超出这个范围，黄粉虫的各态死亡率均较高。夏季气温高，水分易蒸发，可在地面上洒水，降低温度，增加湿度。梅雨季节，湿度过大，饲料易发霉，应开窗通风。冬季天气寒冷，应关闭门窗在室内加温。黄粉虫除留种外，无论幼虫、蛹还是成虫，均可作为泥鳅生物活饵料和干饲料。幼虫从孵出到化蛹约3个月，此期内虫的个体由几毫米长到30mm，均可直接投喂泥鳅。生产过剩的可以烘干保存。

工厂化养殖：工厂化养殖的方式是在室内进行的，饲养室的门窗要装上纱窗，防止敌害进入。房内安排若干排木架（或铁架），每只木（铁）架分3～4层，每层间隔50cm，每层放置1个饲养槽，槽的大小与木架相适应。饲养槽可用铁皮或木板做成，一般规格为长2m、宽1m、高20cm。若用木板做槽，其边框内壁要用蜡光纸裱贴，使其光滑，防止黄粉虫爬出。

家庭培育：家庭培育黄粉虫，可用面盆、木箱、纸箱、瓦盆等容器放在阳台上或床底下养殖。容器表面太粗糙的，在内壁贴裱蜡光纸即可使用。

饲料及其投喂法：人工养殖黄粉虫的饲料分两大类。一类是精料，如麦麸和米糠；一类是青料，如各种瓜果皮或青菜。精料使用前要消毒晒干备用，新鲜麦麸也可以直接使用。青料要洗去泥土，晾干再喂。不要把过多的水分带进饲养槽，以防饲料发霉。

4. 蚯蚓的培育

蚯蚓属环节动物门，寡毛纲。据分析，蚯蚓干物质中含粗蛋白60％左右，粗脂肪8％左右，碳水化合物14％左右。它是泥鳅的优质饵料。

目前可供培养的蚯蚓，以太平2号、北星2号和赤子爱胜蚓（红蚓）产量高、繁殖快、肉质肥厚，一年可繁殖200～300倍。其培养方法如下：

场地选择：培养蚯蚓可在室内，也可在室外进行。但室外培养场地应具备排水性能良好、土地潮湿、环境安静、周围无工业污染，并有保暖、防鼠、防蛙和防蚂蚁等设施。菜地、鱼用牧草基地、果园和桑园地均可以作为培养蚯蚓的良好场所。室内培养一般采用多层式箱养、盆养或全人工控制下的工厂化养殖。

基料制作：基料是指能供蚯蚓生存、营养的基础料，要求质地疏松，营养丰富、均匀，适口性好，容易消化，呈咖啡色，pH值在6.8～7.6。其制作方法是将猪、牛、羊、马、兔粪，禽粪及人粪等有机肥和有机碎屑及肥土按3∶2∶5（按重量计）的比例混合、拌匀，压实成30cm厚的土堆，上盖一层稻草或青草，经常浇水，保持湿润，但不要渍水，一般经7～10天，有机物即可发酵腐熟。然后将腐熟的土翻开，摊成10～15cm厚，上盖稻草，经常浇水，保持湿润。当基料保持湿度50％～60％，温度25℃左右时，及时埋些菜、叶、瓜皮等物，即可放入蚓种，使其大量繁殖。

饵料制作：作为蚯蚓饵料的原料很多，但一般都以廉价的废弃物为主，如纤维质含量较高的杂草、树叶、菜叶、甘蔗渣、瓜果皮及猪、牛、羊、禽粪等。在有条件的地方，也可选用蛋白质含量较高的麦麸、豆饼、菜饼和动物下脚料等。不管选用何种原料都必须通过制作，使其腐熟发酵后使用。牛、羊、猪粪可单独发酵，也可和其他草、菜、瓜果、麦麸、动物下脚料等拌匀后发酵，将其堆成高而狭的长方形，不必翻动。冬季则在上面盖尼龙薄膜或杂草，过10～15天后启用。

蚯蚓的饲养管理：饲养蚯蚓的管理工作，是通过人为措施创造一个适宜于蚯蚓繁殖、孵化和生长的环境，主要是掌握良好的通气、保湿、控温和防毒等措施。在一般条件下，蚯蚓放养密度每平方米1500条左右，赤子爱胜蚓每平方米20000～30000条。将蚓种放入基料内，使其大量繁殖，每隔10～15天即可收取蚯蚓，但一次收蚯蚓量不能过高，以利于不断繁殖。在每平方米蚯蚓饲养8000条左右的面积上，加喂上述发酵饵料的厚度为18～20cm，20天左右加喂1次，一般将陈旧料连同蚯蚓向一边堆拢，然后在空白面上加料，1～2天后蚯蚓会进入新鲜堆料中，与卵自动分开，陈旧料中含有大量卵包，收集后另行孵化。培养蚯蚓的饵料经过粪化后，即将新的饵料撒在原饵料之上，厚5～10cm，经1～2昼夜，蚯蚓均可进入新的饵料层中采食和活动，如此重复数次，饵料床厚度不断增加，须不停地翻动，以免底部积水或蚓茧深埋底部。通气：蚯蚓耗氧量较大，需经常翻动料床使其疏松，或在饵料中掺入一定量的杂草、木屑。在料床厚度较大时，可用木棍自上而下戳洞通气。湿度：蚯蚓能用皮肤呼吸，需保持一定湿度，但又怕积水，一般每隔3～5天浇水1次，使料床绝对湿度控制在40%，底层积水1～2cm为宜。温度：料床温度经常保持在20℃～25℃，pH值6.5～7.8。蚓茧孵化时间虽与温度高低有关，但以20℃左右最佳。同时做好防毒、防天敌危害。蚯蚓爱吃甜食和酸料，特别爱吃蛋白质和糖源丰富的饲料，不爱吃苦料和具有单宁味的饲料，切忌投喂盐料和砂粒料。蚯蚓饵料需发酵，谨防产生有害气体。危害蚯蚓的天敌有蝇蛆、蚂蚁、青蛙、蟾蜍、蛇、鼠、鸟及鸡、鸭等家禽，须严加防范。

5. 蝇蛆的培育

蝇蛆是苍蝇的幼体，苍蝇一生经历卵、蛆、蛹和成蝇四个发育阶段。从成蝇产卵到变成苍蝇，一个周期大约 15 天，一只苍蝇可产卵 200～300 粒，一年可繁殖亿万条蝇蛆。

蝇笼结构：种蝇需要在蝇笼内饲养，蝇笼大小视放蝇密度而定，以放养 1 万只种蝇为例，蝇笼规格为 40cm×30cm×50cm，用木条钉成框架，外钉尼龙纱网，蝇笼一端装一副布袖套，袖套口一端为松紧橡皮带，以防伸手加料、喂水和取卵时苍蝇乘隙外逃。蝇笼放在笼架上，笼架分三层，每层高度略大于蝇笼。

种蝇饲养：种蝇放入蝇笼后，笼内放置料盆、水盆和产卵盆。料盆内用纱布垫底，水盆内放置海绵，加水至海绵浸没，产卵盆内放入经过发酵的畜、禽粪便，以引诱苍蝇产卵。种蝇的饵料，在国外用奶、糖各半加水调匀，浓度为 5%，每只蝇每天喂奶、糖各 5mg。国内则用鲜蛆浆加红糖配成，具有成本低、效果好的优点。水和饵料，每天投喂 1 次。每批种蝇饲养 20～25 天后，将种蝇全部烫死，洗净蝇笼，重新饲养。种蝇饲养室温度保持在 27℃～30℃，每天光照 10～12 小时。蝇蛆培养每天收卵 1 次，送到蛆房培育，蛆房温度保持在 27℃～28℃。蛆房为水泥地面，分成若干小格，每格 1m，格边高 10cm，格内放发酵过的禽、畜肥作蛆饵，饵料平铺在格内，厚 6～7cm，饵料与水泥格子四边空隙 16cm，便于蝇蛆爬出时清扫收集，一般蝇蛆经 4～5 昼夜饲养后即可喂泥鳅。产量高时也可烘干或冷藏备用。

6. 摇蚊幼虫的培育

摇蚊幼虫，又名血虫，在各类水体中都有广泛分布，其生物量常占水域底栖动物总量的 50%～90%。摇蚊幼虫生存力强，生长、繁殖快，对水体环境没有特别要求。

（1）培育池：面积 1～100m³；结构：水泥池；池深：50cm 左右，水深 20～30cm；池底铺富含有机物淤泥。

（2）培育方法：培育摇蚊幼虫，不需要进行引种工作，每年春季，水温上升到 14℃以上，气温在 17℃以上时，自然会有很多摇蚊在培育池中产卵繁殖。2～7 天，卵便孵化出膜。刚孵出的摇蚊幼虫营浮游生活，生活期为 3～6 天，以各种浮游生物和有机碎屑等为食。因此，在每年的这一时期，要经常向池水中泼洒发酵过的有机肥，使池水维持较高的肥度。

浮游生活之后，摇蚊幼虫逐渐转为底栖生活，主要以有机碎屑为食。这期间要定期向池中泼洒发酵过的有机肥，投放陆草，让陆草腐烂发酵。摇蚊幼虫具背光性。在光照强烈的夏季，要适当加深池水，使池水深度维持在 40～50cm，或在池子上方加盖凉棚等。摇蚊幼虫耐低氧能力很强，长期处于低氧或短期处于无氧环境条件下都能正常生存。因此，培养摇蚊幼虫的池水不需特别管理。

（3）捕捞：捕捞时，先用孔径为 1.5mm 左右的网将池中大颗粒的烂草败叶捞去，然后排出部分池水，再铲取底泥，用孔径为 0.6mm 的筛网筛去淤泥即可得摇蚊幼虫。

三、水质调节

养殖池水水质的好坏，对泥鳅的生长发育是至关重要的，池水应以黄绿色为好，透明度以 20～25cm 为宜。泥鳅生长最适宜的温度是 22℃～30℃，当水温超过 30℃时，泥鳅摄食减少，甚至停食钻入土中。由于泥鳅养殖的水位普遍都不深，在盛夏季节应控制水温在 30℃以内，可采用搭建阴篷、遮阳网，加注温度较低的水来加以调节。前期可以通过栽种水葫芦或水滑石等水生植物，净化池的水葫芦主要是为了净化水质，养殖池的水葫芦既能遮阳，又能为泥鳅提供天然的栖息场所。不仅如此，水葫芦又是很好的饲料和肥料，成了泥鳅无土养殖的"功臣"。水葫芦稍微加工一下就是很好的青饲料，可以喂猪、喂鹅，从水中捞起来放一段时间之后，又是很好的农家肥。养殖过程中要经常测量水温，尤其是夏天的时候，每天下午2时左右都要测量一次水温，如果水温过高，要及时加注新水。注意：要用潜水泵抽出鱼池的底层水；换水时温差不得超过3℃，否则易造成冷、热应急，导致泥鳅生病。给池塘注水是调节池塘水质最直接、最有效、最主要的措施。

为使池塘水质达到预期调控效果，在注水过程中须注意以下事项：注水最好选择在清晨进行，因为夜间池水中浮游植物光合作用停止，水体中各类生物的呼吸还须耗氧，到清晨3~5时会降到最低值。所以，选择清晨注入新水，增氧效果最明显。白天一般不宜注水，因为白天池水中浮游植物光合作用旺盛，水中溶氧充足，此时注水不但不能增氧，反而会使水中溶氧逸出。

适时注水：注水要根据天气变化、气温高低、水质等情况灵活掌握。一般养殖普通鱼类，每隔7天左右向池塘注水1次。如天气酷热、温度高、水质过肥，或阴雨、闷热天气，注水的间隔时间应适当缩短。适量注水：注水量过少达不到注水的目的，注水量过多易使水中浮游生物密度降低，从而影响泥鳅摄食与生长。一般每次注水深以20~30cm为宜。当池中发生缺氧，或池水恶化时应放出1/3~1/2的原池水，再加注新水。

科学注水：注入的水必须清新、无污染、溶氧充足，且温差不宜过大。一般鳅苗池温差不应超过2℃，泥鳅种池温差不应超过5℃。抽水时，应抽取水源上层水。一般将抽水管插入水面下30cm左右，这样的浅层水有机质含量低、溶氧含量高、水温与池水温度相近，注入池塘后更有利于泥鳅的生长发育。注水前，应排出池塘底层部分原池水，然后注入新水。并且进水口用密眼网过滤，严防野杂鱼、敌害生物进入泥鳅池。注水时应将注入的新水沿着池水的上层水平线冲入，这样可促使上层水搅动，起到增氧的作用。最忌让水流从高处落下，以防池底沉积物、腐殖质泛起污染水质。补肥培水：池塘注水后，往往水质肥度减弱，水体颜色变淡。所以，应及时适当补施化肥，培养浮游生物，使池水保持"肥、活、嫩、爽"，透明度以 30cm 左右为宜，确保泥鳅在丰富的饵料生物和良好的水质环境中健康快速生长。

泥鳅生长最适合的 pH 值是 7～7.5，由于池塘中藻类植物的生长，泥鳅养殖中常常会出现 pH 值偏高的现象，可以通过泼洒生石灰的方法来调节，每 20 天用一次，每亩用量 20～30kg。并适时使用微生物制剂和底质改良剂来改善水质及底质。

有条件可以配备增氧机来增加水中溶解氧，开动增氧机有一定规律：一般在早晨 4～6 时溶氧量最低（2mg/L），在容易浮头时开机；中午 12 时至下午 2 时溶氧量最高（5～6mg/L）时开机，将上层溶氧较充足的水与底层低溶氧的水对流，及早偿还氧债，减少翌日清晨浮头的机会。

关注水源变化，防止污染中毒事件发生。泥鳅养殖户要密切关注水源水质的变化，随时注意水源的水色、气味、悬浮物、浑浊度等理化指标的变化，一旦发现异常，立即停止进水，避免污染中毒事件的发生。最后泥鳅养殖户要注意巡塘，加强日常管理。泥鳅养殖过程中要勤于管理、勤于巡塘，黎明、中午和傍晚要坚持巡塘观察。如果水质比较肥，天气闷热无风时，一定要注意鳅苗有没有浮头现象。水中溶氧充足时，鳅苗散布在池底；水质缺氧恶化时，则集群在池壁，并沿壁慢慢上游，很少浮到水面来，仅在水面形成细小波纹。一般浮头在日出后即下沉，要是日出后继续浮头，且受惊后仍然不下沉，表明水质过肥，应立即停止施肥、喂食，并注入新水以改善水质、增加溶氧。

四、日常管理

1. 巡塘：管理人员应经常观察泥鳅和池水的变化动态，每天早、中、晚各巡视泥鳅池一次，密切注意水的颜色变化和泥鳅的活动状态。

2. 水质管理：根据池水的颜色、浓淡程度及其早晚变化情况，对池水水质做出直观判断。泥鳅不停地浮头时，应立即停止施肥、投喂，并加注新水，以补充溶解氧。

3. 检查摄食情况：观察泥鳅投喂后的摄食情况，包括摄食饵料的时间、泥鳅的饥饱程度等，以便及时调整投喂量。在养殖过程中每隔 20 天还要用二氧化氯、聚维酮碘、漂白粉等交替使用给鳅池消毒，食台经常要取出清洗，用高锰酸钾消毒或曝晒紫外线杀毒。

4. 疾病的预防和治疗：仔细观察泥鳅的活动状况，定期投喂预防鱼病药物；做好死亡泥鳅数量和规格的记录，发现病害时及时治疗。

5. 防逃防逸：对进、排水口，塘埂要经常检查，发现漏洞及时修复；要注意严防农药和化肥水流入池内，发现有蛇、蚂蟥等敌害生物时要及时消灭。投苗前，无论新池还是旧池，都要先用粉碎的生石灰消毒，按每亩 50kg 均匀撒入，但不能距泥鳅的防逃网太近，防止将防逃网烧破。

6. 防止浮头和泛塘：在气候环境发生突变时，如：天气闷热、气压低、下雷阵雨或连日阴雨时，应注意观察成鳅是否浮头或泛塘。若发现有上述迹象，应及时加注新水。为此，必须经常对泥鳅的进排水系统进行检查，确保加注新水及时、快速、通畅。

7. 要定期检查泥鳅的生长情况，随时调整喂食、施肥、充注新水等措施。如果放养的泥鳅苗生长差异显著时，应及时按规格分养，以避免生长差异过大而互相影响，还可以使较小规格的泥鳅能获得充足的饵料，加快生长。

五、泥鳅的捕捉、暂养和运输

（一）泥鳅的捕捉

泥鳅的捕捉一般在秋末冬初进行，但是为了提高经济效益，可根据市场价格、池中密度和生产特点等多方面因素综合考虑，灵活掌握泥鳅捕捞上市的时间。作为繁殖用的亲鳅则应在人工繁殖季节前捕捉。一般泥鳅体重达到10g即可上市。从鳅苗养至10g左右的成鳅一般需要15个月左右，饲养至20g左右的成鳅一般需要4～5个月。如果饲养条件适宜，还可以缩短饲养时间。

1. 稻田泥鳅的捕捉方法

稻田养殖的泥鳅，一般在水稻即将黄熟之时捕捉，也可以在水稻收割之后进行。捕捉方法一般有以下4种。

（1）网捕法：在稻谷收割之前，先将三角网放置在稻田排水口，然后排放田水，泥鳅随水而下时被捕获。此法一次难以捕尽，可重新灌水，反复捕捉。

（2）排干田水捕捉法：在深秋稻谷收割之后，把田中、鱼溜疏通，将田水排干，使泥鳅随水流入沟、溜之中，先用抄网抄捕，然后用铁丝制成的网具连淤泥一并捞起，除掉淤泥，留下泥鳅。天气炎热时可在早、晚进行。田中泥土内捕剩的部分泥鳅，长江以北地区要设法捕尽，可采用翻耕、用水翻挖或结合犁田进行捕捉。

（3）香饵诱捕法：在稻谷收割前后均可进行。晴天傍晚时将水缓缓注入坑溜中，使泥鳅集中到鱼溜，然后将预先炒制好的香饵放入广口麻袋，沉入鱼坑诱捕。此方法在5～7月以白天下袋较好，若在8月以后则应在傍晚下袋，第二天日出前取出效果较好。放袋前一天停食，可提高捕捉效果。如无麻袋，可把旧草席剪成长60cm、宽30cm，将炒香的米糠、蚕蛹粉与泥土混合做成面团放入草席中，中间放些树枝，卷起草席，并将两端扎紧，使草席稍稍隆起。然后放置田中，上部稍露出水面，再铺放些杂草等，泥鳅会到草席内觅食。

（4）药物驱捕法：通常使用的药物为茶粕（亦称茶枯、茶饼，是榨油后的残留物，存放时间不超过2年），每亩稻田用量5～6kg。将药物放火上烧3～5分钟后取出，趁热捣成粉末，再用清水浸泡透（手抓成团，松手散开），3～5小时后方可使用。将稻田的水放浅至 3cm 左右，然后在田的四角设置鱼巢。鱼巢用淤泥堆集而成，巢堆成斜坡形，由低到高逐渐高出水面 3～10cm。鱼巢大小视泥鳅的多少而定，巢面一般为脚盆大小，面积 0.5～1m²。面积大的稻田中央也应设置鱼巢。施药宜在傍晚进行。除鱼巢巢面不施药外，稻田各处须均匀地泼洒药液。施药后至捕捉前不能注水、排水，也不宜在田中走动。泥鳅一般会在茶粕的作用下纷纷钻进鱼巢。施药后第二天清晨，用田泥围 1 圈拦鱼巢，将鱼巢围圈中的水排干，即可挖巢捕捉泥鳅。达到商品规格的泥鳅可直接上市，未达到商品规格的小泥鳅继续留在田中养殖。若留田养殖需注水 5cm 左右，待田中药性消失后，再转入稻田中饲养。此法简便易行，捕捉速度快，成本低，效率高，且无污染（须控制用药量）。在水温 10℃～25℃时，起捕率可达 90%以上，并且可捕大留小，均衡上市。但操作时应注意以下事项：首先是用茶粕配制的药液要随配随用；其次是用量必须严格控制，施药一定要均匀地全田泼洒（鱼巢除外）；此外鱼巢巢面必须高于水面，并且不能再有高出水面的草、泥堆物。此法捕泥鳅最好在收割水稻之后，且稻田中无集鱼坑、溜。若稻田中有集鱼坑、溜，则可不在集鱼坑、溜中施药，但要用木板将坑、溜围住，以防泥鳅进入。

2. 池塘泥鳅捕捉方法

池塘因面积大、水深，相对稻田捕捉难度大。但池塘捕捉不受农作物的限制，可根据需要随时捕捉上市，比稻田方便。池塘泥鳅捕捉主要有以下几种方法。

（1）食饵诱捕法：可用麻袋装入炒香的米糠、蚕蛹粉与腐殖土混合做成面团，敞开袋口，傍晚时沉入池底即可。一般在阴天或下雨前的傍晚下袋，这样经过一夜，袋内会钻入大量泥鳅。诱捕受水温影响较大，一般水温在 25℃～27℃时泥鳅摄食旺盛，诱捕效果最好；当水温低于 15℃或高于 30℃时，泥鳅的活动减弱，摄食减少，诱捕效果较差。

（2）可用大口容器（罐、坛、脸盆、鱼笼等）改制成诱捕工具。

（3）冲水捕捉法：在靠近进水口处铺设好网具，网具长度可依据进水口的大小而定，一般为进水口宽度的3～4倍，网目为1.5～2cm，方便起捕。网具张好后向进水口充注新水，给泥鳅以微流水的刺激，泥鳅喜溯水会逐渐聚集在进水口附近，待泥鳅聚拢到一定程度时，即可提网捕捉。同时，可在排水口处张网或设置鱼篓，捕获顺水逃逸的泥鳅。

（4）排水捕捉法：食饵诱捕、冲水捕捉一般适合水温在20℃以上采用。当水温偏低时，泥鳅活动减弱，食欲下降，甚至钻入泥中，这时只能采取排干池水捕捉。这种方法是先将池水排干，同时把池底划分成若干小块，中间挖纵、横排水沟若干条。沟宽40cm、深30cm左右，让泥鳅集中到排水沟内，这时可用手抄网捕捉。当水温低于10℃或高于30℃时，泥鳅会钻入泥中越冬或避暑，只有采取挖泥捕捉。因此，排水捕捉法一般在深秋、冬季或水温在10℃～20℃时采用。

此外，如遇急需，且水温较高时，可采用香饵诱捕的方法，即把预先炒制好的香饵撒在池中捕捉处，待30分钟左右用网捕捉。

（二）泥鳅的越冬与暂养

1. 泥鳅的越冬

泥鳅对水温的变化相当敏感，除我国南方终年水温不低于15℃地区，可常年饲养泥鳅，不必考虑低温越冬措施以外，其他地区一年中泥鳅的饲养期为7～10个月，有2～5个月的低温越冬期，当水温降至10℃左右时，泥鳅就会进入冬眠期。在我国大部分地区，冬季泥鳅一般会钻入泥土中15cm深处越冬。由于其体表可分泌黏液，使体表及周围保持湿润，即使1个月不下雨也不会死亡。

泥鳅在越冬前和许多需要越冬的水生动物一样，必须积累营养和能量准备越冬。因此，应加强越冬前饲料管理，多投喂一些营养丰富的饵料，让泥鳅吃饱吃好，以利于越冬。泥鳅越冬育肥的饵料配比应为动物性饵料和植物性饵料各占50%。随着水温的下降，泥鳅的摄食量开始下降，这时投饵量应逐渐减少。当水温降至15℃时，每天只需投喂泥鳅总体重1%的饵料；当水温降至13℃以下时，则可停止投饵；当水温继续下降至5℃时，泥鳅就潜入淤泥深处越冬。

泥鳅越冬除了要有足够的营养、能量及良好的体质外，还要有良好的越冬环境。要选择背风向阳、保水性能好、池底淤泥厚的池塘作越冬池。为便于越冬，越冬池蓄水要比一般池塘深，要保证越冬池有充足良好的水源条件。越冬前要对越冬池、食台等进行清整消毒处理，防止有毒有害物质危害泥鳅越冬。

同时要加强越冬期间的进、排水管理。越冬期间的水温应保持在2℃～10℃，池水水位应比平时略高，一般水深应控制在1.5～2m。加注新水时应尽可能用地下水。在池塘或水田中开挖深度在30cm以上的坑、溜，使底层的温度有一定的保障。

稻田养殖泥鳅诱集到深水坑中后，越冬时要加盖稻草，最好在池塘的向阳面加盖稻草。如果是农家庭院用小坑道使泥鳅自然过冬，可将越冬泥鳅适当集中，上面加铺畜、禽粪便保温，效果更好。

还可以采用人工越冬箱越冬。其方法为：用木料制成长、宽、高分别约为1m、0.3m、0.2m的木箱，每只箱子放置17～18cm厚的细土。每只箱子大约可以放置7kg泥鳅，同时在箱子盖上打6～8个气孔，将箱盖钉好后沉入适宜的地方越冬。越冬效果的好坏与装箱方法有关，装箱时要先放3cm厚的泥土，然后放入2kg泥鳅，再装3cm厚的泥土，然后再放入2kg泥鳅。依此放置3～4层，最后装满泥土，钉好箱盖。将越冬箱沉入1m以下的水中，能收到较好的效果。

2. 泥鳅的暂养和运输

（1）泥鳅暂养：泥鳅起捕后，无论是销售或食用，都必须经过几天时间的清水暂养，方能运输出售或食用。暂养的作用，一是使泥鳅体内的污物和肠中的粪便排除干净，降低运输途中的耗氧量，提高运输成活率；二是去掉泥鳅肉中的泥味，改善口味，提高食用价值；三是将零星捕捉的泥鳅集中起来，便于批量运输销售。在暂养过程中，要投喂大豆和辣椒，大豆能增强泥鳅体质，辣椒可以作兴奋剂，投喂后可以减少死亡，特别在静水中，效果更加显著。投喂量约为 15kg 泥鳅投喂大豆 100g，辣椒 50g。泥鳅暂养的方法有许多种，现在介绍以下几种。

水泥池暂养：水泥池暂养适用于较大规模的出口中转基地或需暂养时间长、数量多的场合，具有成活率高（95％左右）、规模效益好等优点。应选择在水源充足、水质清新、排灌方便的场所建池，并配备增氧、进水、排污等设施。水泥池的大小一般为 8m×4m×0.8m，蓄水量为 20～25m³。一般每平方米水泥池可暂养泥鳅 5～7kg，有流水、有增氧设施，暂养时间较短的，每平方米可放 40～50kg。若为水槽型水泥池，每平方米可放 100kg。泥鳅进入水泥池暂养前，最好先在木桶中暂养 1～2 天，待粪便或污泥清除后再移至水泥池中。在水泥池中暂养时，对刚起捕或刚入池的泥鳅，应每隔 7 小时换水 1 次，待其粪便和污泥排除干净后转入正常管理。夏季暂养每天换水不能少于 2 次，春、秋季暂养每天换水 1 次，冬季暂养隔天换水 1 次。但这种方法要求较高，暂养期间不能发生断水、缺氧等情况，必须有严格的责任制度。

网箱暂养：网箱暂养泥鳅被许多地方普遍采用。暂养泥鳅的网箱规格一般为 2m×1m×1.5m。网眼大小视暂养泥鳅的规格而定，暂养小规格泥鳅可用 11～20 目的聚乙烯网布。网箱宜选择水面开阔、水质来源好的池塘或河道。暂养的密度视水温高低和网箱大小而定，一般每平方米暂养 30kg 左右较适宜。网箱暂养泥鳅要加强日常管理，防止逃逸和发生病害，平时要勤检查、勤刷网箱、勤捞残渣和死鳅等，一般暂养成活率可达 90％以上。

木桶暂养：各类容积较大的木桶均可用于泥鳅暂养。一般用72L容积的木桶可暂养10kg。暂养开始时每天换水4～5次，第三天以后可每天换水2～3次。每天换水量控制在1/3左右。

鱼篓暂养：鱼篓的规格一般为口径24cm、底径65cm，竹制。篓内铺放聚乙烯网布，篓口要加盖（盖上不铺聚乙烯网布等，防止泥鳅呼吸困难），防止泥鳅逃逸。将泥鳅放入竹篓后置于水中，竹篓应有1/3部分露出水面，以利于泥鳅呼吸。若将鱼篓置于静水中，一篓可暂养7～8kg；置于微流水中，一篓可暂养15～20kg。置于流水状态中暂养时，应避免水流过急，否则泥鳅易患细菌性疾病。

（2）泥鳅的运输：按运输方式分为干法运输、带水运输、降温运输、尼龙袋充氧运输等。泥鳅的苗种运输相对要求较高，一般选用鱼篓和尼龙袋装水运输较好。成鳅的皮肤和肠均有呼吸功能，因而成鳅的运输比较方便，对运输要求低些，除远程运输需要尼龙袋装运外，均可因地制宜选用其他方法。不论采用哪一种方法运输，泥鳅运输前均需暂养1～3天后才能启运。运输途中要注意泥鳅和水温的变化，及时捞出病伤死鳅，去除黏液，调节水温，防止阳光直射和风吹雨淋引起的水温变化。在运输途中，尤其是到达目的地时，应尽可能使运输泥鳅的水温与准备放养的环境水温相近，两者最大的温差不能超过5℃，否则会造成泥鳅死亡。

干法运输：干法运输就是采用无水湿法运输的方法，俗称"干运"，一般适用于成鳅短程运输。运输时，在泥鳅体表泼些水，或用水草包裹泥鳅，使泥鳅皮肤保持湿润，再置于袋、桶、筐等容器中，就可以进行短距离运输。筐运法：装泥鳅的筐用竹篾编织而成，长方形，规格为（80～90）cm×（45～50）cm×（20～30）cm。筐内壁铺上麻布，避免鳅体受伤，一筐可装成鳅15～20kg，筐内盖些水草或瓜（荷）叶即可运输。此法适用于水温15℃左右、运输时间为3～5小时的短途运输。袋运法：即将泥鳅装入麻袋、草包或编织袋内，洒些水，或预先放些水草等在袋内，使泥鳅体表保持湿润，即可运输。此法适用于温度在 20℃以下，运输时间在半天以内的短途运输。

降温运输：运输时间需半天或更长时间的，尤其在天气炎热和中程运输时，必须采用降温运输方法。带水降温运输：一般采用鱼桶装水加冰块装运，6kg 水可装运泥鳅 8kg。运输时将冰块放入网袋内，再将其吊在桶盖上，使冰水慢慢滴入容器内，以达到降温的目的。此法运输成活率较高，鱼体也不易受伤，一般在 12 小时内安全。此法在水温 15℃左右、运输时间为 5～6 小时的条件下效果较好。鱼筐降温运输：鱼筐的材料、形状、规格同上。每筐装成鳅 15～20kg。装好的鱼筐套叠 4～5 个，最上面一筐装泥鳅少一些，其中盛放用麻布包好的碎冰块 10～20kg。将几个鱼筐叠齐捆紧即可装运。注意避免鱼筐之间互相挤压。箱运法：箱用木板制作。木箱的结构有 3 层，上层为放冰的冰箱，中层为装鳅的鳅箱，下层为底盘。箱体规格为 50cm×35cm×8cm，箱底和四周钉铺 20 目的聚乙烯网布。如水温在 20℃以上时，先在上层的冰箱里装满冰块，让融化后的冰水慢慢滴入鳅箱。每层鳅箱装泥鳅 10～15kg，再将这两个箱子与底盘一道扎紧，即可运输。这种运输方法适合于运输时间在 30 小时以内的中、短途运输，成活率在 90％以上。

带水运输：此法采用鱼篓、桶装入适量的水和泥鳅，以火车、汽车或轮船等为交通工具的运输方法，此法较适合于泥鳅苗种运输。鱼篓一般用竹篾编制，内壁粘贴柿油纸或薄膜；也有用镀锌皮制作的鱼篓。鱼篓的规格不一，常用的规格为：口径 70cm，底部边长 90cm，高 100cm。有桶盖，盖中心开有一直径为 35cm 的圆孔，并配有击水板，其一端由"十"字交叉板组成。交叉板长 40cm，宽 10cm，柄长 80cm。鱼篓（桶）运输泥鳅苗种要选择好天气，水温以 15℃～25℃为宜。已开食的泥鳅苗起运前最好喂一次咸鸭蛋黄。其方法是将煮熟的咸鸭蛋黄用纱布包好，放入盛水的搪瓷盘内，滤掉渣，将蛋黄汁均匀地泼在装鳅苗的鱼篓（桶）中，每10万尾鳅苗投喂蛋黄1个。喂食后2～3小时，更换新水后即可启运。运输途中要防止泥鳅苗缺氧和残饵、粪便、死鳅等污染水质，要及时换注新水，每次换水量为1/3左右，换水时水温差不能超过3℃。若换水困难，可用击水板在鱼篓（桶）的水面上轻轻地上下推动击水，起增氧效果。为避免苗种集结成团而窒息，可放入几条规格稍大的泥鳅一起运输。路途较近的亦可用挑篓运输。挑篓由竹篾制成，篓内壁糊贴柿油纸或薄膜。篓的口径约50cm，高33cm。装水量为篓容积的1/3～1/2（约25L）。装苗种数量依泥鳅的规格而定：1.3cm以下的可装6万～7万尾，1.5～2cm的装1万～1.4万尾，2.5cm的装0.6万～0.7万尾，3.5cm的装0.35万～0.4万尾，5cm的装0.25万～0.3万尾，6.5～8cm的装600～700尾，10cm的装400～500尾。

尼龙袋充氧运输：此法是用各生产单位运输家鱼苗种所用的尼龙袋（双层塑料薄膜袋），装少量水，充氧后运输，这是目前较先进的一种运输方法。可装载于车、船、飞机上进行远程运输。尼龙袋的规格一般为30cm×28cm×65cm的双层袋，每袋装泥鳅10kg。加少量水，亦可添加些碎冰，充氧后扎紧袋口，再装入32cm×35cm×65cm规格的硬纸箱内，每箱装2袋。气温高时，在箱内四角处各放一小冰袋降温，然后打包运输。如在7～9月运输，装袋前应对泥鳅采取"三级降温法"处理：即把泥鳅从水温20℃以上的暂养容器中放入水温18℃～20℃的容器中暂养20～40分钟，再放入14℃～15℃的容器中暂养5～10分钟，然后放入8℃～12℃的容器中暂养3～5分钟，最后装袋充氧，在箱四周放置冰袋后运输。

第二节　泥鳅其他养殖方式

一、稻田养殖技术

稻田养殖泥鳅是将水稻种植与泥鳅养殖有机结合在同一生态环境中的一种立体种养模式。稻田的浅水环境非常适合泥鳅生存。盛夏季节，水稻可作为泥鳅良好的遮阳物，稻田中丰富的天然饵料可供泥鳅摄食。另外，泥鳅钻泥栖息，疏通田泥，既有利于肥料分解，又能促进水稻根系发育，鳅粪本身又是水稻良好的肥源，泥鳅捕食田间害虫，可减轻或免除水稻的一些病虫害。据测定，养殖泥鳅的稻田中有机质含量、有效磷、硅酸盐、钙和镁的含量均高于未养田块。所以稻田养殖泥鳅成本低，收效快，经济效益高，适合分散经营，是发展农村商品经济的一条有效途径。养泥鳅稻田的工程设施，既要保证水稻栽培的需要，又要有利于泥鳅的养殖；既能满足水稻满灌全排的要求，又能保持一定的水产养殖水体，并有完善的防逃、防暑降温等设施，保证稻、泥鳅共生，共利。

（一）稻田选择

选择水质较好、保水性能好、排灌方便、日照充足、温暖通风、弱酸性，降雨时不溢水的稻田，田埂高出稻田水面 40～50cm，或设置高出水面 40～50cm 的围墙，或在田四周加插石板、木板等，以防泥鳅潜逃。进出口要设拦网。在田中开挖鱼沟、鱼溜，其作用是给泥鳅一定的活动空间，为其提供一个较为舒适的栖息环境。鱼沟是与鱼溜相连的通道，宽和深一般各为 30cm，位置应至少距田埂 1m 左右，以免田埂塌方堵塞鱼沟。鱼溜的大小和数量依据稻田面积而定，鱼溜面积一般占稻田面积的 3％～5％，深 30～50cm。其形状有长方形、正方形和圆形等，以长方形最多。其作用是水温过高或过低时，泥鳅可以暂时栖息在鱼溜内躲避。同时，投饵和施药时都可以投入鱼溜，在起捕时便于集中捕捉，另外也可以作为暂养池。在稻田中设置进、排水口并安装拦鱼设施是必不可少的。稻田的进、排水口尽可能设在相对应的田埂两端，便于水均匀畅通地流经整块稻田。设置拦鱼栅的目的是防止泥鳅逃逸和阻止野杂鱼进入稻田。拦鱼栅孔眼大小以不阻水、不逃泥鳅为度。

（二）天然饵料培养

在沟、溜内施放鸡、牛、猪粪等肥料，让其大量繁殖天然浮游生物，以后还要根据具体情况适当追肥。

（三）放养

由于各地的种稻技术、施肥方法各有差异，因此在放养时间和密度上也各有不同。但是，在放养时间上要求做到"早插秧，早放养"。一般在早、中稻插秧后 10 天左右，放夏花或其他鳅种。规格为 3cm 左右的夏花，放养量为每亩 2 万～3 万尾，5cm 左右的鳅种，放养量为每亩 2 万尾左右。

（四）投饲管理

养殖泥鳅不影响稻田正常施肥。饲料可以投喂鱼粉、豆饼粉、玉米粉、麦麸、米糠、畜禽加工下脚料等，可将饲料加水捏成团投喂；鳅种放养第一周先不用投饵。一周后，每隔 3～4 天喂一次。开始投喂时，饵料撒在鱼沟和田面上，以后逐渐缩小范围，集中在鱼沟内投喂；一个月后，泥鳅正常吃食时，每天喂 2 次：日投喂量占泥鳅总重量的 3%～8%，每次投喂的饲料量，以 2 小时内吃完为宜，超过 2 小时应减少投喂量。当天然饵料不足时，要投喂鱼粉、动物肝脏、废弃物等动物性饲料及米糠、蔬菜等植物性饵料。

（五）日常管理

稻田养殖的要求是既要种好水稻，又需养大泥鳅。因此，在稻田的田间管理技术中，要同时兼顾这两者的利益关系，才能获得双丰收。

稻田施肥时，要巧施。施肥不仅不能伤害泥鳅，还要对泥鳅的生长有利。具体原则是：以施基肥为主，施追肥为辅；施农家肥为主，施化肥为辅。农家肥可以作基肥也可以作追肥，化肥以作追肥为宜。化肥和农家肥混合使用，能取长补短。

稻田防病灭草时，要严格掌握好用药品种、浓度、时间和使用方法，原则上使用高效、低毒农药。稻田养殖泥鳅的日常田间管理是：田间巡塘时要注意天气变化，做好防洪排涝工作；即使暴雨来临，也要坚持冒雨巡查养殖稻田，检查田埂的安全情况，观察稻田水位，清除进排水口拦鱼栅上的杂物；对鱼沟、鱼溜经常检查，保持畅通。尤其在稻田晒田、施肥、施药前要事先检查，保证沟、溜畅通，以确保泥鳅能顺利地集中到鱼溜中栖息、躲避。

（六）收获时间

通常在水稻即将成熟或稻谷收割后进行。一般采用泥鳅笼装饵诱捕。也可将田水放干，让泥鳅聚集于鱼溜之中，用拉网捞起。在水源方便的稻田，可以边冲水、边驱赶，然后集中捕捞。

（七）病害防治

病害预防常采取以下措施：放养前对养殖稻田进行清整消毒；鳅苗（种）放养前严格消毒；控制水质，投喂新鲜饲料；经常使用有益微生物制剂；根据水质情况，对水体进行消毒。

二、网箱养殖技术

（一）池塘要求

池塘水源充足、水质清新、进排水方便、天然饵料丰富、人工饵料来源广，底质为中性或微酸性的黏质土壤。大小不限，一般以面积 $3000m^2$ 左右、水深 $1.5\sim2m$ 为宜。有土养鳅的网箱，水位稍浅。配备管理小船 1 只，以便投饵。

（二）网箱设置

网箱面积视池塘水面而定，大型水面以 $20m^2$ 为宜，长 5m、宽 4m、高 1.8m；小型水面，网箱面积宜为 $2\sim8m^2$，长、宽、高根据实际需要而定。网箱用聚乙烯网片制成，网目大小以鳅种不能逃脱及利于箱内外水体交换为准，一般采用 0.5～1cm 规格。网箱东西长、南北宽排列。箱与箱间距约 2m，行距 3m。小型网箱间距 0.4m，行距 1m。网箱不管大小，露出水面均为 0.4m，沉入水中 0.5～1m。网箱设置不宜超过池塘面积的 50%。网箱有浮动式和固定式。浮动式网箱箱体随水位的变动而自然升降，为防泥鳅外逃，网箱始终要保持露出水面 0.4m。浮动式网箱适用于大型池塘或水位变化较大的池塘。固定式网箱四角用竹竿或木条打桩固定。无土养鳅的网箱，箱底距塘底 0.5m。有土养鳅的网箱，底部着泥，且在箱底层先铺 10cm 厚的粪肥，然后再铺 10cm 厚的泥土。泥鳅苗种放养前 15 天放置网箱，使网箱壁上附着藻类，并移植一些水花生或水葫芦至箱内，植物生长面积占网箱面积的 1/3。若养殖过程中箱内水花生或水葫芦生长过盛，要及时捞出，始终控制水草生长面积不超过网箱面积的 2/3。每口网箱设置 1～2 个长 40cm、宽 10cm 的方框作食台，食台在水下距水面约 20cm。

（三）鳅种放养

在投放鳅种前 20 天，选择晴天用生石灰清池消毒，生石灰用量为每亩 50～70kg。药性消失后，即可放养鳅种。鳅种放养一般在 3 月底或 4 月初，每平方米放养体长 4～5cm 的鳅种 250～300 尾。鳅种按大小分级饲养，鳅种入箱前用 3% 的食盐水消毒，在水温 10℃～20℃时浸泡 5～10 分钟。鳅种入箱后对环境有一个适应过程，待 2～3 天后投喂。饵料可选用泥鳅人工配合饲料或自己加工饲料。如自己加工，可将小麦粉、蚕蛹粉、菜粕、小杂鱼、螺蛳肉等拌匀后做成团状或条状，定时投在食台上。投饵时间，起初是每天傍晚全箱遍撒，以后逐渐缩小范围，最后集中在食台投放。驯化后，改为上午 8 时和下午 18 时左右各喂 1 次，泥鳅夜间摄食量大，因此下午投喂量占日投饵量的 70% 左右。初期投饵量为鳅种总重的 2%～5%，中期为 5%～6%，后期为 8%～10%，视泥鳅的摄食量酌情增减。摄食量随泥鳅的生长状况、水温、水质、天气等情况而变化，原则上以食台上饵料在 2 小时左右吃完为度。泥鳅喜肥水，养鳅的水要"肥、活、嫩、爽"，水色以黄绿色为佳，过清影响泥鳅生长，透明度控制在 20cm 左右，酸碱度为中性或弱碱性。水质过肥时应及时换水，以增加池水溶氧量。一般每 7～10 天换水 1 次，每次换水 20～30cm。高温季节当水温超过 30℃时，每周换水 2 次。勤刷洗网衣，保持网箱内外水体的交换，提高箱内水体的溶解氧，且便于饵料生物进入箱内。为了改善水质，提高池塘利用率，箱外可养殖其他鱼类，如套养鲫、鲢、鳙、草、鳊鱼等。

（四）病害防治

定期用生石灰或其他无害消毒药物对网箱进行灭菌消毒，消毒时间视泥鳅的忍受能力灵活掌握。饵料加工时可添加 0.5％土霉素或大蒜素等。要防止农药、化肥等污染和敌害生物的侵袭，经常检查网箱，如有漏洞立即补好。

（五）起捕上市

无土养殖泥鳅的网箱，秋季达到上市规格的成鳅应及时起捕，未达上市规格的小泥鳅也要在霜降前出箱，移至小型泥鳅池中越冬，否则泥鳅会被冻死。有土养鳅的网箱，由于箱底有土，成鳅出箱后，未达上市规格的幼鳅集中移至箱底土层加厚的网箱中安全越冬。

第三节　养殖实例

一、泥鳅池塘养殖与案例

江苏省赣榆县墩尚镇养殖户张华共养殖 10005m² 水面的泥鳅，每亩获得纯利润 11000 余元，其养殖技术及管理模式如下。

（一）养殖条件

泥鳅养殖池选择水源可靠、水质清新且无污染，进排水方便的池塘，土质为中性或微酸性的黏质土壤，光照充足，交通便利，确保用电。养殖池多为长方形，单口面积 $667\sim1334m^2$，池深 $0.8\sim1.0m$，水深可保持在 $0.4\sim0.5m$，并夯实池壁泥土。沿池塘四周用网片围住，网片下埋至硬土中，上端高出水面 20cm，可以有效地防止泥鳅逃逸和防止敌害生物进入养殖池。池内铺放厚约 15cm 的肥沃河泥或富含有机质的黏土，进水口高出水面 20cm，出水管设置在池底部，平时封住，进水口和排水口均用密网包裹。

（二）放养模式

1. 放养前准备工作

鳅种放养前 20～30 天，清整鳅池，堵塞漏洞，疏通进、排水管道，翻耕池底淤泥，再用生石灰清塘。池塘水深 10cm 时，每亩用生石灰 70～80kg，兑水化浆后立即均匀全池泼洒。鳅种放养前 10 天，池塘加注新水 20～30cm，每亩放入干鸡粪 30kg，均匀撒在池内，或用 60～65kg 的猪、牛、羊等粪肥集中堆放在鱼溜内，让其充分发酵。以后视水质肥瘦适当追肥，保持水体透明度在 20cm 左右，以看不见池底为宜。

2. 苗种放养

鳅种放养前用3‰～5‰食盐水进行鱼种消毒，浸泡时间为5～10 分钟。4 月当水温升高到 15℃以上时，开始放养鳅种，规格为 70～80 尾/kg，放养密度为每亩 1000～1500kg；规格为 100～120 尾/kg，放养密度为每亩 800～1000kg。同一养殖池放养的鳅种规格均匀整齐。并以放养大规格的鳅种经济效益好，且养殖周期短，也可以根据市场需要及时捕捞或进行多茬养殖。

（三）养殖管理

饲料投喂：主要投喂全价配合饲料，同时搭配投喂一些饵料生物，且投喂坚持定时、定点、定质、定量。养殖初期，日投喂量在鱼体总重的 2% 左右，以后温度升至泥鳅适宜温度范围内再逐步增加日投喂量。当水温达 25℃～28℃时，泥鳅的摄食和生长均十分旺盛，此时日投喂量提高到鱼体总重的 10%，以促进泥鳅的快速生长。水温大于 30℃或小于 15℃时，投喂减少或不投。

（四）经济效益分析

一般泥鳅饲养 4 个月即可收获，若市场行情好也可以提前收获，随后放养下一茬苗种，该养殖户每亩放养规格为 80 尾/kg 的泥鳅苗种 1400kg，共计每亩收获商品鳅 2130kg。苗种每千克均价 10 元。每亩饲料投入 12600 元，加上人工、水电费等，每亩成本 27200 元，销售收入 38340 元，实际每亩获纯利润 11140 元。

二、泥鳅稻田养殖与案例

近年来，泥鳅养殖的效益还不错，归根结底就是泥鳅养殖的成本低，且技术也不复杂。很多地区，在泥鳅养殖的发展过程中，也研发出了许多新技术，下面我们要了解的是铜仁市改造稻田高产养殖泥鳅试验。

（一）稻田改造

1. 稻田选择

试验点位于江口县闵孝镇。5 丘面积较大、集中的稻田，共计面积 9 亩。地势平坦，土壤为弱碱性黏性土，土壤肥力较高，保水性好。周边交通便利，便于物资和产品运输。水源充足、水质清新无污染，无畜禽养殖场和生活污水等污染源。

2. 田埂改造

沿田埂开挖宽 20cm 的基脚沟，深度视土质软硬程度而定，挖到硬土为止，一般 20cm。以混凝土平整基脚，单排横砌 6 块 390mm×190mm×190mm 规格的水泥空心砖挡墙。每隔 5m 在挡墙外部再紧贴砌一空心砖柱，以保证注水后挡墙能够承受住压力。挡墙内部以水泥砂浆粉饰，做好防水措施。在对角线位置分别设置进水管和排水管，进水管高出水面 20cm 左右，排水管铺设在池埂底部，与排水渠相连，蓄水时用 PVC 管套住。

3. 防逃防害设施

进、排水口安装 40 目双层聚乙烯滤网。稻田上方和侧面均用尼龙防鸟网覆盖，以木柱或水泥柱作为支架固定。防鸟网设置一般高 2m，以方便饲养管理和捕捞为宜。

（二）鳅苗放养

1. 苗种选择

品种为台湾泥鳅，苗种来源为附近当年人工繁育苗。苗种体长 3～4cm，要求无病无伤、体质健壮、游动有力、体表黏液丰富、规格整齐。

2. 苗种放养

放苗时间在 4 月下旬，密度为每亩 6 万尾。鳅苗种入池前用食盐水浸泡 10 分钟左右以杀灭携带的致病菌，浸泡消毒时要注意观察泥鳅的反应，如有不良剧烈反应时要缩短浸泡时间。鳅苗入池时要放试水鳅 20 余尾，检测池水是否会引起鳅苗不良反应。

（三）养殖管理

1. 水质管理

放苗之前，应先进行培饵。此时水不宜过深，可先期注水 0.4m 左右，每亩施腐熟发酵的猪、牛粪等 300kg 左右或多元复合肥 25kg。每间隔 2～3 天注水 10cm 左右直至达到正常深度。这样有利于水温提升，便于轮虫、桡足类、枝角类等饵料生物的培育。养殖过程中保持水位 70cm 以上。定期注换池水，前期可每半个月换水 1 次，中后期特别是夏季高温季节每 10 天应换水 1 次，每次换水量控制在 15～20cm。定期巡塘，发现泥鳅浮头时要及时换注新水。可采取施用微生态制剂、底质改良剂、泼洒生石灰等方式进行水质调控。保持水质"肥、活、嫩、爽"，溶解氧在 3mg/L 以上，pH 值 7.5 左右，水色为黄绿色。

2. 投饲管理

投喂全价膨化配合饲料，投喂量为泥鳅体重的 4%～6%。随着气温、水温的升高，泥鳅的活动量和摄食量逐渐增加，应适当增加投喂量，以在 1 小时内吃完为宜。投喂采取"四定"原则，即定时、定量、定位和定质。定时：每天投喂 3 次，分别是上午 8 时左右、中午 12 时和下午 6 时左右。定量：根据泥鳅的不同生长阶段，在一定时期内投喂量相对稳定。定位：泥鳅的游动能力相对较弱，为减少泥鳅长距离游动摄食，应沿池塘四周均匀投喂。定质：保证投喂的饵料不受潮、不变质等。

3. 病害防治

坚持"防治结合、以防为主、防重于治"的原则，注水培饵前要彻底清塘并晒塘，选择苗种要规格统一、活动力强、体形健壮。定期检查、加固防逃设施和进、排水口。定期驱除和清理蛇、鼠、蛙、鸟等敌害生物。此次养殖过程中泥鳅没有发生大的病害。

（四）收获上市

9 月后，泥鳅规格便达到每尾 30g 以上。此时可视市场情况和气温变化适时捕捞上市。台湾泥鳅具有不钻泥的习性，可用地笼进行捕捞，剩余的将水放干后集中捕捞。此次试验共捕获成品泥鳅 9730kg。

（五）效益分析

1. 投入成本

共改造稻田 9 亩。投入包括稻田改造费用 65000 元，铺设防鸟网费用 9500 元，苗种费用 43200 元，饲料费用 93400 元，稻田租金 6300 元，水电、人员工资、病害防治等有关费用合计 19700 元。试验总投入 237100 元，平均每亩投入 26344.4 元。

2. 销售收入

共起捕成品鳅 9730kg，平均亩产 1081kg。泥鳅按塘口销售平均价格 26 元/kg 计算，销售收入 252980 元，平均每亩销售收入

28108.9元。

3. 经济收益

此次效益核算是把稻田改造工程、防鸟网铺设等固定设施投入计算在内，稻田改造一次可使用6～10年，防鸟网可使用3年，第二年养殖则可每亩节约成本约8278元。

（六）小结与讨论

1. 泥鳅是一种大众化的小型经济鱼类，目前市场前景较好。在铜仁地区，泥鳅价格与鲟鱼价格差不多，但养殖泥鳅投入要小得多，技术门槛更低，更能为普通农户所承受。养殖泥鳅应选择台湾泥鳅，生长速度快、抗病力强、苗种来源有保障。

2. 本文介绍的改造稻田养殖泥鳅模式是一种在铜仁山区更容易推广的模式。山区百姓思想更为保守，流转土地时不允许破坏稻田边界、土质和面貌。相较于直接挖田成塘，本文的模式改造成本略高，但当年即可回收成本实现盈利，往后盈利可达每亩万余元，经济效益可观。

3. 养殖成功的关键在于防漏、防害和养水，田埂改造时，务必做好防漏措施。稻田的选择要远离大河大沟，防止洪灾损毁。防害设施要配备完全，定期巡塘，定期清除敌害生物。暴雨天气尤其要小心，务必经常巡塘。塘中可适当种植水葫芦、水白菜、水花生，为泥鳅生长营造良好的水体环境。

4. 苗种投入约占养殖成本的20%。台湾泥鳅繁殖的技术门槛不高，建议大规模养殖时，苗种以自繁为主，降低养殖成本。

三、泥鳅网箱养殖与案例

江苏省同心特种水产科技有限公司2006年进行了池塘网箱养泥鳅试验，并取得成功，现将养殖技术介绍如下。

（一）池塘选择

池塘选择在兴化市西郊镇水利站所属养殖场（位于该镇西家村

南），选择其中一口塘约 7337m²，水深 1.6m，该池塘进、排水方便，水质良好，池中共设了 120 口网箱。

（二）网箱规格与设置

网箱采用 0.6 目大小的无结聚乙烯网片制成，网片长、宽、高分别为 5m、2m、1.3m，每口网箱框架用 6 根竹竿搭制，直接固定于水中。网箱底部铺设秸秆、稻草或肥泥，厚度为 10～15cm，供泥鳅休息。另一种安装方法：不放泥，水下部分为 1m，水上部分为 0.3m，箱底距池底约 0.5m。

安置网箱：在泥鳅放养前 15 天，使网箱壁附着藻类，并在网箱内移植水花生，覆盖面积不超过网箱面积的 1/3，平均每亩水面放置 11 口箱。注意在网箱上方一定要加设网盖，泥鳅有特有的肠呼吸功能，能在网箱中上下窜动吞食空气，养殖过程中易被水鸟啄食，加设网盖可以避免鸟类偷吃，减少不必要的经济损失。

（三）苗种放养

苗种放养最好选择在 18℃以上的晴好天气，种苗要求无病、无伤、健康活泼，规格在每尾 5g 左右的土池繁殖鳅苗，每口网箱按每平方米 200 尾左右放养，2～3 月在池塘网箱外放养青虾苗，每亩放 3～5kg。

（四）饲养与投喂

投喂坚持"四定"原则，及时清除食台上的残饵。本场均采用膨化饲料适当搭配自行培养的无菌蝇蛆，并根据水温调整投喂量。在水温小于 20℃时，投饵占泥鳅体重的 1.5％～3％；水温 20℃～23℃时，投饵占泥鳅体重的 3％～5％；水温 23℃～28℃时，投饵占泥鳅体重的 5％～8％；水温大于 30℃时，不投或少投。

（五）日常管理

每天早晚巡塘，检查网箱有无破损，泥鳅活动是否正常。7～8月高温季节，防止水花生疯长，及时清除多余的水花生，保持其面积不超过 1/2。

（六）病害防治

泥鳅抗病力较强，病害发生较少，但平时必须注重预防，特别注意防治机械损伤。泥鳅苗入箱后，最好采用 0.5mg/kg 的聚维酮碘泼洒，有助于受伤苗种愈合。待苗种驯食正常后，采用内服、外撒的方法，杀灭体内外寄生虫。平时定期杀菌、杀虫，预防病虫害发生，并采用微生物制剂调节好水质，高温季节采取微流水，有助于提高池塘水体溶解氧，加快泥鳅的生长速度。

（七）养殖效益

年底，120 口网箱泥鳅总产量 5250kg，每亩产 476kg，市场价 24元/kg，网箱外青虾收获 270kg，每亩产 25kg，市场价 24 元/kg，总产值 126000 元，总纯收入 60000 元，每亩平均收入 5450 元。

第四节　常见病虫害及生态防控技术

一、常见疾病及治疗

泥鳅虽然生命力强，但是在养殖过程中由于管理不善或环境严重不良等情况下，还是有患病现象发生，尤其在泥鳅苗培育阶段，直接影响生殖速度和成活率，因此不宜忽视泥鳅的病害。泥鳅患病可分为两大因素：一是外因，包括养殖环境及人为因素；二是内因，即泥鳅自身免疫力，二者相互作用，相互影响。目前我国泥鳅养殖过程中，常见的疾病种类有以下几种。

（一）气泡病

病因：水体气体（氧气、硫化氢、甲烷等）过多。

流行情况：鳅苗阶段最易发生。

主要症状：泥鳅浮于水面，肚皮鼓起似气泡，泥鳅体表和肠道均有大量气泡存在。

防治方法：

①水体曝气，充分降解水中有机物，减少有害气体的产生；②发病时，立即加入新鲜水，并用食盐溶液全池泼洒，用量为每亩4～6kg。

（二）细菌性出血病

病因：气单胞菌。

流行情况：5～10月。

主要症状：体表呈点状、块状或弥散状血斑，甚至肠道、肝脏也时有出血，患病多为群发或爆发，呈败血症现象。

防治方法：①调水、改底，保持良好水质；②发病水体泼洒漂白粉或二氯异氰尿酸钠，浓度为1mg/L；③每千克泥鳅用10～15mg环丙沙星拌料投喂。

（三）肠炎病

病因：肠型点状气单胞菌。

流行情况：水温20℃以上易流行。

主要症状：病鳅体表红斑，体色变黑，肛门红肿，腹部膨大，肠壁充血发炎，有黄色黏液。

防治方法：①泼洒漂白粉，浓度为1mg/L。②每千克泥鳅用10～15mg环丙沙星拌饵投喂；③每千克泥鳅10～15g大蒜拌饵投喂，2～6天后减半继续投喂。

（四）细菌性烂鳃病

病原：柱状屈桡杆菌。

流行情况：4～10月，水温15℃以上易流行。

主要症状：病鳅体色发黑，鳃丝腐烂泛白，且带有污泥，鳃丝肿胀，鳃黏液增多，严重时鳃盖发炎腐烂。

防治方法：①经常加注新水，保持良好水质；②漂白粉化水全池泼洒，浓度为1mg/L；③发病水体用"戊二醛＋苯扎溴铵"复合制剂或"溴氯海因"全池泼洒，每天1次，连续2天。

（五）水霉病

病原：水霉菌。

流行情况：水温低于20℃，尤其鳅苗孵化时易患此病。

主要症状：病鳅行动迟缓，食欲减退，肉眼可见体表灰白色棉絮状绒毛。

防治方法：①尽量避免泥鳅受伤；②将病鳅用3％～4％食盐水浸泡5～10分钟；③受精卵感染用0.5％食盐水浸泡。

（六）赤皮病

病原：荧光假单胞菌，体表受伤感染引起。

流行情况：全年均有流行。

主要症状：病鳅浮于水面，游动缓慢，反应迟钝，体表充血发炎，鳍基部充血，鳍端腐烂，常有缺失，鳍条间软组织多有肿胀，甚至脱落呈扫帚状，常继发感染水霉病。

防治方法：①发病水体用漂白粉$1g/m^3$全池泼洒；②每50kg泥鳅用0.04g复方新诺明拌饵投喂，连续3天；③每千克泥鳅用10～15mg环丙沙星拌料投喂。

（七）赤鳍病

病原：短杆菌。

流行情况：夏季为主要流行季节。

主要症状：泥鳅背鳍附近表皮剥落，呈灰白色，严重时鳍条脱落，肌肉外露；肛门部位充血，腹部和体侧有红斑，并逐渐变为深红色，肠管糜烂，进而在皮肤溃烂部位寄生水霉；病鳅不摄食。

防治方法：

①避免泥鳅受伤，放养前用4％～5％食盐水消毒处理；②用漂白粉全池泼洒；③病鳅用10mg/L四环素药液浸泡24小时。

（八）杯体虫病

病原体：杯体虫。

流行情况：一年四季均可发生，以5～8月为主，对鳅苗危害大。

主要症状：病鳅体色变黑，离群独游，不摄食，呼吸频率加快，状似缺氧浮头，鳃丝水肿充血，黏液增加，显微镜下检查可见大量虫体寄生于体表和鳃。

防治方法：

①鳅种放养前用 8mg/L 硫酸铜溶液浸泡 15～20 分钟。②流行季节，用硫酸铜和硫酸亚铁合剂挂袋预防。③发病水体，每立方米用 0.7g 硫酸铜硫酸亚铁合剂（5∶2）化水全池泼洒。

（九）小瓜虫病

病原体：多子小瓜虫。

流行情况：流行于春末夏初，水温 15℃～25℃，不同阶段泥鳅均可感染。

主要症状：泥鳅皮肤、鳍、鳃、口腔等处布满小白点，肉眼可见，故又称白点病，显微镜下可见马蹄形大核虫体。病情严重时，体表似有一层白色薄膜。

防治方法：

①用生石灰彻底清塘，杀灭小瓜虫的胞囊；②鱼种放养前，用 10～20mg/L 高锰酸钾溶液浸泡 15～20 分钟。

（十）车轮虫病

病原：车轮虫。

主要症状：摄食量减少，离群独游，行动迟缓、呆滞，呼吸吃力。身体出现白斑，甚至大面积变白。严重时虫体密布体表及鳃部，治疗不及时会引起死亡。鳅苗感染严重时，苗群沿池边绕游，狂躁不安，直至鳃部充血、皮肤溃烂而死。

流行情况：5～8 月流行。

防治方法：

①用生石灰彻底清塘；②鳅种下塘前，用 4％～5％食盐溶液浸泡 15～20 分钟或用 8mg/L 硫酸铜溶液浸泡 20～30 分钟；③发病

水体每立方米水体用 0.7g 硫酸铜和硫酸亚铁合剂（5∶2）化水全池泼洒，连用 2 天；④0.5g/m³ 晶体敌百虫全池泼洒；⑤每 100m² 面积用苦楝新鲜枝叶 5kg 煎水后全池遍洒。

（十一）三代虫病

病原：三代虫。

流行情况：5～6 月，对鳅种危害大。

主要症状：少量寄生，鳃丝黏液增多，但不影响摄食和正常活动；大量寄生时，泥鳅不摄食，在池壁刮擦或水体中游窜，鳃丝充血、水肿，黏液明显增加。

防治方法：①20mg/L 高锰酸钾溶液浸泡泥鳅 10～30 分钟，或 5％食盐溶液浸泡 5 分钟；②95％晶体敌百虫溶液 0.2～0.3mg/L 全池泼洒。

二、敌害生物

敌害生物主要有水蛇、水老鼠、乌鳢、水蜈蚣、红娘华（水蝎子）等。

防治方法：

①放养前进行彻底清塘。进、排水系统设有密网；②加强饲养管理，及时捕杀敌害生物；③对水蜈蚣、红娘华，用 0.5～1.0mg/L 敌百虫全池泼洒。

三、生态防控技术

由于泥鳅患病初期不易观察，后期治疗难度大。因此，在泥鳅养殖过程中，病害以生态预防为主，通过调节好外界环境，维持良好水质，小心各项生产操作，投喂优质饲料，降低泥鳅的患病率。主要从以下几个方面进行防控。

1. 泥鳅放养前，养殖水体必须彻底清除水体敌害生物，清除野杂草。养殖过程中，泥鳅苗种由鳃呼吸向肠呼吸转变时，常常将头露出水面，故一定要严防飞鸟等敌害生物的吞食。

2. 选择体质健壮、活动力强、体表光滑、无病无伤、规格一致的泥鳅苗种。放养前进行鱼体消毒，杀灭病原体。鳅苗放养时，水温差不宜超过 2℃，鳅种放养温差不宜超过 4℃～5℃。

3. 饲养过程中，定期加注新水，改良池水水质，增加池水溶氧，调节池水温度，减少疾病的发生。

4. 合理饲养，做到"四定"投喂（定质、定量、定时、定位），增强泥鳅抵抗力。

第五章　泥鳅的加工与食疗

第一节　泥鳅的加工

一、加工目的与基本要求

泥鳅肉质鲜美，营养丰富，富含蛋白质，还有多种维生素，并具有药用价值，是人们所喜爱的水产佳品。泥鳅所含脂肪成分较低，胆固醇更少，属高蛋白低脂肪食品，且含一种类似甘碳戊烯酸的不饱和脂肪酸，有利于人体抗血管衰老，故有益于老年人及心血管病患者。

加工目的：泥鳅的综合加工，不仅可以充分利用这一淡水鱼资源，而且可以生产一种较好的保健、休闲和旅游食品。还可以调节淡旺季及满足市场供应需要，提高资源利用的附加值。

基本要求：使新鲜泥鳅成为便于贮藏、用途更广、价值更高的食品和综合利用产品。

二、各类成品的加工

泥鳅成品加工包括以泥鳅可食用部分制成冷冻品、干制品和罐头制品等。其具体加工工艺如下。

（一）泥鳅冷冻粗加工

1. 加工的工艺流程

原料选用—前处理（去头、去内脏）—开片—清洗—冻前检查—浸液—称重—装盘—速冻—出盘—镀冰衣—包装—成品冷藏。

2. 操作要点

（1）原料选用：应选用新鲜或冷冻的泥鳅，要求鱼体完整，气味、色泽正常，肉质紧有弹性。

（2）原料处理：先用刀切去鱼体上的鳍，沿胸鳍根部切去头部，然后至胸部切口拉出内脏，接着去鳃、开腹、去内脏，然后用毛刷洗涮腹腔，去除血污。

（3）开片：开片刀用扁薄狭长的尖刀，刀口锋利，一般由头肩部下刀连皮开下薄片，沿背脊排骨刺上层开片（腹部肉不开，肉片厚 2mm）。

（4）检片：将开片时带有的大骨刺、红肉、黑膜、杂质等拣出，保持鱼片洁净。

（5）漂洗：漂洗槽灌满自来水，倒入鱼片，用空气压缩机通气使其激烈翻滚，洗净血污，漂洗的鱼片洁白有光，肉质较好。然后捞出沥水。

（6）冻前检查：对鱼片进行灯光检查，挑出寄生虫。

（7）浸液：用清洁的淡水仔细洗净，然后用食品添加剂溶液进行漂洗。一般采用 3％左右的多磷酸盐和焦磷酸盐混合物，配制时用温水使其尽快溶解。漂洗液的温度一般掌握在 5℃左右，超过 5℃时需加冰降温。漂洗时间一般掌握在 3 秒即可。漂洗后将鱼片充分沥干水。

（8）称重装盘：为保证快速准确地称量，应配专职称重人员，每一包装单位的重量根据销售对象而定，一般为 0.5～2kg，为了补充冻结过程鱼货的水分损失，称重时要增加 2％～5％重量。

（9）速冻：摆好盘后，立即将泥鳅送进冻结间或冻结装置进行冻结。必须采用平板冻结或单体冻结法进行快速冻结，冻结时间应在 2 小时内使中心温度降至 -18℃以下。

（10）镀冰衣：用水温度宜在 3℃左右，镀冰衣浸水时间第 1 次 8 秒左右，若要镀 2 次冰衣，第 2 次浸水时间为 5 秒左右。所镀冰衣要均匀，鱼块应被冰衣完全覆盖。

（11）包装：镀冰衣后必须立即进行包装。包装应在4℃以下环境中进行，包装材料在使用前要预冷到0℃以下，以防止冻品的温度回升。内包装用高压聚乙烯塑料袋，内衬1～2张瓦楞纸。每一箱的总重量应控制在10～20kg，便于在流通过程中搬运。在外包装上应明显标有产品的商标，并注明品名、产地、等级、批号、毛重、净重及其他规定的要求。凡是出口的产品，还应用英文或进口商所要求的某国文字作相应的标识。

（二）即食珍味泥鳅干的加工工艺

1. 工艺流程

原料处理—腌渍—漂洗—蒸煮—烘干—称重—过蒸—加调味液—烘烤—加调味酒—腌蒸—检验—装袋—封口—成品贮藏。

2. 制作要点

（1）原料预处理：将泥鳅于清水中静养2～3天，每天换一次水，使其排净肠中污物。

（2）腌渍：将预处理后的泥鳅放入水温为10℃、浓度为10％的盐水中腌渍25～30分钟。此环节有两个作用：其一，使泥鳅死亡并保持泥鳅肉质新鲜；其二，使泥鳅肉进味。根据泥鳅大小及水温高低的不同，可适当调整盐水浓度和浸渍时间。

（3）漂洗：用清水漂洗泥鳅，洗净其体表黏液，漂洗水温应尽量保持在10℃左右。

（4）蒸煮：将漂洗后的泥鳅逐条码放在蒸煮架上，每条泥鳅之间应留有空隙，以使蒸煮时受热均匀，且保证体形不被破坏。

（5）烘干：蒸熟后的泥鳅放入烘箱内烘干，操作时应避免泥鳅体表破损。温度为60℃，时间为4小时。

（6）称重：将烘干的泥鳅称重记录，以便按比例加调味液。

（7）过蒸：实验过蒸时，所用的是手提式煤电二用压力蒸气灭菌锅，功率为2kW，电压为220V，过蒸压力为0.6MPa，时间为

40 分钟。过蒸的目的是使泥鳅骨刺酥化，以便直接食用。

（8）加调味液：将调味液和泥鳅干按 280mL/kg 的比例充分拌匀，静置渗透 1～2 小时。

（9）烘烤：将沾有调味液的泥鳅干逐条码放在烘盘上，放入烤箱，温度调至 80℃，时间 40 分钟。

（10）加调味酒：将烘烤好的泥鳅干按 45mL/kg 的比例均匀喷洒调味酒，若需辣味，可适量添加辣椒油。辣椒油的配制：将油加温至 100℃，离火，按每千克油 40g 辣椒粉的比例加入即可。

（11）腌蒸：将喷洒过调味酒的泥鳅干放入容器中，加盖密封，保存 1～2 天，使调味酒渗入泥鳅干。

（12）检验：

感官指标：制成品色泽褐黄，肉质柔嫩，鲜香美味；水分含量为 16％；微生物指标：致病菌、肠道致病菌等不得检出。

（13）装袋：采用聚乙烯或聚丙烯复合薄膜袋装袋，重量自定。

（14）封口：真空封口。

（15）成品贮藏：成品装箱，置于清洁、干燥、阴凉通风处贮藏，常温保质 6 个月。

（三）泥鳅鱼干的加工工艺

1. 工艺流程

原料—处理—开片—检片—漂洗—沥水—调味渗透—摊片—烘干—揭片（生干片）—烘烤—碾压拉松—检验—称量—包装（成品）。

2. 制作要点

（1）原料选用：应选用新鲜或冷冻的泥鳅，要求鱼体完整，气味、色泽正常，肉质紧有弹性。

（2）原料处理：先用刀切去鱼体上的鳍，沿胸鳍根部切去头部，然后至胸部切口拉出内脏，接着去鳃、开腹、去内脏，然后用毛刷洗涮腹腔，去除血污。

（3）开片：开片刀用扁薄狭长的尖刀，刀口锋利，一般由头肩部下刀连皮开下薄片，沿背脊排骨刺上层开片（腹部肉不开，肉片厚 2mm）。

（4）检片：将开片时带有的大骨刺、红肉、黑膜、杂质等拣出，保持鱼片洁净。

（5）漂洗：漂洗槽灌满自来水，倒入鱼片，用空气压缩机通气使其激烈翻滚，洗净血污，漂洗的鱼片洁白有光，肉质较好。然后捞出沥水。

（6）调味液的配方为：水 100g、白糖 80g、精盐 20g、料酒 20g、味精 15g。配制好调味液后，将漂洗沥水后的鱼片放入调味液中腌制。以鱼片 100kg，加入调味液 15mL 为宜。加入调味液腌渍渗透时间为 30～60 分钟，并常翻拌，调味温度为 15℃～20℃。

（7）摊片：将调味腌渍后的鱼片摊在烘帘或尼龙网上，摆放时，片与片之间要紧密，片张要整齐抹平，再把鱼片（大小片及碎片配合）摆放，如鱼片 3～4 片相接，鱼肉纤维纹要基本相似，使鱼片成型平整美观。

（8）烘干：采用烘道热风干燥，烘干鱼片温度以不高于 35℃ 为宜，烘半小时将其移至烘道外，停放 2 小时左右，使鱼片内部水分自然向外扩散后再移入烘道中干燥达规定要求。

（9）揭片：将烘干的鱼片从网片上揭下，即得生鱼片。

（10）烘烤：将生鱼片的鱼皮部朝下摊放在烘烤机传送带上，经 1～2 分钟烘烤，温度 180℃ 为宜，注意烘烤前将生鱼片喷洒适量的水，以防鱼片烤焦。

（11）碾压拉松：烘烤后的鱼片经碾压机碾压拉松即得熟鱼片，碾压时要在鱼肉纤维的垂直方向（即横向碾压）才可拉松，一般须经二次拉松，使鱼片肌肉纤维组织疏松均匀，而且延伸增大。

（12）检验：拉松后的调味鱼干片，用人工揭去鱼皮，拣出剩留骨刺（细骨已脆可不除），再行称量包装。

（13）包装：采用清洁、透明的聚乙烯或聚丙烯复合薄膜塑料袋。

　　（四）泥鳅罐头的加工工艺

　　1. 工艺流程

　　选料—原料处理—盐渍—油炸—切段—配汤—装罐—排气—密封—杀菌—冷却—擦罐—保温—打检—包装—成品。

　　2. 操作要点

　　（1）选料：

　　①泥鳅：选用水田、湖泊等无污染的水中所产的鲜活且个体肥大的泥鳅，个体以大于 20cm 为好。若选用冻泥鳅，须先用清水解冻，但浸水时间不宜过长。

　　②猪肉：选用卫生检验合格，经冷却排酸，肥肉厚度在 1～2cm 的五花肉。

　　③香菇：采用色泽、气味正常，无霉变、无虫蛀，品质较好的干、鲜香菇。

　　（2）原料处理：

　　①泥鳅：将洗去黏液、杂质的泥鳅捶昏后，开膛剔除内脏，然后沿鳃骨切去头，剪去尾和鳍，用清水冲洗血污，沥干备用。

　　②猪肉：剔除肉上的畦肉和余毛等杂物，切成 11～12cm 的方块，在夹层锅中预煮到无血水后，捞出擦干水分，在内皮上涂抹饴糖和黄酒，分批放入 160℃～180℃的油锅中，油炸一分钟左右，炸至酱红色，出锅，沥去余油备用。

　　③香菇：经清理挑选，剔除霉变、虫蛀的坏菇后，浸入温水中进行水发，待香菇发好后，用清水充分清洗，洗去夹在菇盖缝隙中的灰尖、细砂等杂质。

　　（3）盐渍：采用盐腌法。按每 100kg 处理过的泥鳅加 2kg 食盐、0.5kg 黄酒，翻拌均匀后放置 20 分钟。在盐腌制过程中，应翻动 1～2 次，使其吸盐均匀，并尽量降低盐温度，剩余盐水可连续使用多次，但每次必须加食盐调整浓度，适时更换新盐水。将盐渍后的鳅鱼用流动清水洗涤一次，以洗去表面盐分，沥干后可进行下道工序。

（4）油炸：将花生油放入炸锅中，升温至180℃，即可下料（在炸制过程中，控制油温在180℃～200℃）。为使油炸均匀，可将鳅鱼按大小两档进行炸制，每次投料量为锅内油量的1/12～1/10。投料后炸至泥鳅上浮时，轻轻抖散翻动，防止鱼块黏结和破皮，并保证油炸的老嫩、色泽一致；当炸至鳅鱼有坚实感，呈深金红色时，即可出锅沥油，时间为2～3分钟。油炸时若能采用油炸筛，将鳅鱼排列于筛内进行炸制，则效果更佳。每炸一锅，要清除一次鳅鱼肉碎屑，相隔一定时间，掺入一定量的新油加以调节，必要时要更换新油，以保证炸油的质量。

（5）切段：将油炸沥油后的鳅鱼切成35～40mm的小段，猪肉切成长约35mm、宽约15mm、厚约3mm的薄肉片。

（6）配汤：

①配料比：砂糖150g，味精220g，精盐3.5kg，花椒20g，胡椒粉60g，生姜200g，黄酒1kg，酱油16kg，葱头150g，琼脂760g，酱色500～600g，水100kg。

②操作方法：将生姜、葱头洗净切碎与花椒一起用纱布包好，扎口，放入已盛好水的夹层锅中煮沸，20～30分钟，待有浓郁香辛味逸出时，加入砂糖、精盐、胡椒粉、酱油和酱色，继续煮沸10分钟，然后再加入黄酒和琼脂搅拌使琼脂充分与水溶化，控制汤汁的总量为98kg左右。停气后加入味精，搅拌均匀，即可出锅，将汤汁用纱布过滤，保持汤汁温度在80℃以上备用。

（7）装罐：

①洗罐：将罐头瓶刷洗干净后，放入95℃～100℃的沸水中，消毒3～5分钟，然后将罐头瓶倒置备用。消毒后不应久留，应尽快装罐，以避免再次污染。

②装罐方法：装罐时，猪肉垫于罐底，放鱼段居中（按大小分

别装罐），上放水发香菇，加注汤汁的温度应在80℃以上。

(8) 排气、密封：热力排气密封，中心温度达80℃以上，时间8～10分钟。真空密封，真空度450～500mmHg。封罐后要及时检查，挑出封口不良罐。

(9) 杀菌、冷却。

(10) 擦罐、保温：冷却到40℃左右，立即擦净罐面入保温室。37℃±2℃保温5昼夜。

(11) 打检、包装：包装罐应逐罐打检，剔除不良罐。

(12) 注意事项：在生产过程中，应做好卫生消毒工作，各工序操作要尽量加快进行，各道工序不积压。

第二节　泥鳅常用食疗配方简介

一、泥鳅的食疗应用

泥鳅又名鳅鱼，广泛分布于我国的湖泊、沟渠、水库和水田中，近年来各地还积极发展人工养殖，供应国内外需要。泥鳅营养价值很高，故俗话有"天上斑鸠，地上泥鳅"，并素有"水中人参"之美称，敢与补品之王人参媲美。当今有些国家已经将黄鳝、鳖、泥鳅列入佳肴之列，被誉为"药鳝、寿鳖、参鳅"，可见泥鳅在营养学、美食学、食疗医学中已被人们所认识。

据分析，每100克泥鳅肉中含蛋白质18.4g、脂肪2.9g，还含有碳水化合物、钙、磷、铁及各种维生素等，其中维生素B_1含量比普通鱼虾类高三四倍，维生素A、维生素C含量比其他鱼类也高，其所含的脂肪则以不饱和脂肪酸为主，所以泥鳅的营养价值在鱼类中名列前茅。据研究记载，泥鳅是大补之物，小儿多食有助于生长发育，也是男性的滋补佳品，它能强精壮体，迅速恢复体力。凡常食者还能起到保健养颜，防止衰老，滋润皮肤，美容的显著作用。据记载，泥鳅有补中益气、祛邪除湿、养肾生精、消渴利尿、解毒保肝等功效，对治疗肝炎、肾虚阳痿、小儿盗汗、皮肤瘙痒、水肿、痔疮等均有辅助作用，是儿童、老年人、孕妇、哺乳期妇女以及因病引起的营养不良、病后体虚、手术后恢复期患者的良好补品。

近年来科学家研究发现，泥鳅中所含的类似甘碳戊烯酸的不饱和脂肪酸，是一种可助人体抵抗血管衰老的重要物质，故老年人尤其是患有心脑血管疾病及高血压的老年人食之更为适宜。

泥鳅食疗配方：

1. 泥鳅 250g，生姜 2 片，油盐适量，酒少许。将洗净的泥鳅煎至金黄色，再入适量清水和酒，投入姜片煮至汤为奶白色后加盐调味。连汤带鱼食用，可强身健体，一周为一个疗程。

2. 活泥鳅与等量鲜活虾各 200g，洗净去杂，加盐调味煮汤，治肾虚阳痿，连服必有显效。

3. 将活泥鳅用清水养两天，排净脏物，将其焙干、研末，每天服 3 次，每次服 10g，可退黄疸、护肝、清脾肿，治疗急慢性肝炎。

4. 将泥鳅与大蒜共煎，不加盐，治周身浮肿，一日服 1 次有效。

5. 泥鳅 120g，用油煎黄，再加入黄芪、党参、大枣各 15g，山药 30g，生姜 5g，加水同煎，去渣取汁服。此方有补脾益气养血的作用，可用于气血不足或营养不良、消瘦、倦怠乏力等。

6. 泥鳅炖豆腐：先将泥鳅除去鳃及内脏，洗净，放入锅中，加入适量清水及食盐，煮至半熟，再把豆腐放入锅中，炖至泥鳅熟透即可，宜空腹温热食用。此方能补脾利湿，对黄疸、小便不利及脾虚胃弱者有良效，对迁延性和慢性肝炎患者肝功能的改善也有明显作用。

7. 溪黄草泥鳅汤

配料：溪黄草 30g，泥鳅 250g，生姜 4 片。

制法：泥鳅活杀，用开水洗去黏液及血水，与溪黄草、生姜一起入锅，加清水适量，武火煮沸后，文火煮1～2小时，调味即可。

功效：清热利湿。

用法：隔日1次，饮汤食泥鳅。

8. 木耳泥鳅汤

配料：黑木耳30g，笋片60g，泥鳅200g，猪油、葱、姜、精盐皆适量。

制法：将泥鳅去杂，洗净，用热油略炸，加水发黑木耳、笋片和调料，加水煮熟。

用法：随餐食用，用量自愿。

功效：补益气血、利水消肿、益肾壮阳；对水肿、肝炎、前列腺炎、睾丸炎、早泄有疗效。

9. 青荷鳅鱼汤

配料：鲜荷叶2张，熟猪油50g，泥鳅600g，葱15g，姜15g，料酒15mL，白糖5g，精盐3g，酱油15mL，胡椒粉1g。

制法：泥鳅去杂，洗净。荷叶用沸水烫软，每张切成6片。葱、姜切末。锅上火，加猪油烧热，下葱、姜末煸炒，下泥鳅、精盐、料酒略炒，加水煮沸，加荷叶、酱油、白糖再煮片刻，撒胡椒粉即可。

说明：随餐食用。解暑消渴、益气祛湿、利水消肿；对脾胃虚弱、口渴思饮、暑湿泄泻、糖尿病有疗效。

10. 香菇泥鳅豆腐煲

配料：泥鳅400g，豆腐250g，香菇20g，葱白、生姜片、味精、鲜汤、植物油、精盐、白糖皆适量。

制法：香菇泡发、去蒂，切开。泥鳅在清水中养2天，滴植物油几滴、宰杀后洗净。豆腐切成长6cm、宽厚均3cm的块，用热水焯一下。锅上火，加油烧到四成热，下葱、姜，把泥鳅炒黄，加鲜汤、味精、精盐、白糖、豆腐、香菇，旺火煮开后，小火煮 40 分钟。

说明：随餐食用，用量自愿。养胃健中、解毒护膜、凉血清胃；对慢性胃炎、消化性溃疡、胃窦炎、肝炎有疗效。

11. 泥鳅韭菜子

材料：泥鳅 250g，韭菜子 50g，精盐少许。

做法：将泥鳅去掉内脏，洗净。韭菜子洗净后用纱布包好。将泥鳅和韭菜子包一起置锅中，加水适量，小火煮 1 小时，取出韭菜子包，吃泥鳅喝汤，每日 1 次。

功效：固精助阳。适用于阳痿、遗精等症。

12. 山楂麦米煲泥鳅

材料：干山楂、炒麦芽各 25g，麦米 50g，泥鳅 250g，猪腱肉 500g，老姜 1 片，油 1 汤匙（15mL），盐 1 茶匙（5g）。

做法：泥鳅洗净后控干水分。麦米、麦芽和干山楂分别洗净备用。猪腱肉洗净切成 5cm 见方的块。中火加热炒锅中的油至六成热，放入泥鳅，将两面都煎至金黄色取出控油备用。大火烧开锅中的水，放入猪腱肉氽烫出血水，捞出猪腱肉洗净。瓦煲中放入 2L 冷水，大火煮沸后放入泥鳅、猪腱肉、麦米、麦芽、干山楂和老姜片煮 10 分钟，然后调成小火加盖煲煮 1.5 小时，上桌前调入盐即可。这道山楂麦米煲泥鳅恰好可以让家中的小朋友胃口大开，还有消积食的作用。

二、泥鳅常用药膳火锅

1. 泥鳅钻豆腐火锅

它不仅味道鲜美，富有营养，而且具有药效价值。常吃泥鳅钻豆腐对痔疮患者有明显的疗效。

材料：泥鳅 200g，豆腐 300g，盐 5g，味精 3g，胡椒 2g，姜 20g，葱 10g。

制法：豆腐切厚方块，姜去皮切片，葱切段；锅中加入冷水，放入豆腐、泥鳅，以小火慢慢加热，待泥鳅钻入豆腐中，转大火烧沸汤汁；再调入所有调味料即可。放入豆腐、泥鳅后，一定要用小火慢慢加热。

2. 泥鳅火锅

泥鳅火锅汤浓汁厚，味道鲜美，可补气祛湿，对阳痿、痔瘘等症有一定辅助食疗功效。

用料（4人份）：活泥鳅1000g，猪肥瘦肉150g，冬笋、香菇各50g，白菜200g，水发粉丝、金针菇、海带各100g，鸭掌8只。调料：精盐15g，味精5g，白糖10g，香醋50g，葱段25g，姜末50g，猪油100g，料酒20g，胡椒粉2g，清水2500g（或汤2000g）。

做法：①将活泥鳅购回后放在盆中，加入少许菜油，让其吐出脏物，然后用剪刀剪去头，剖肚去内脏，洗净血污及身上黏液，沥干水。猪肥瘦肉洗净，入开水锅中汆一下，切成片。冬笋切片。香菇去根蒂，洗净沥水。白菜洗净切丝。金针菇去根蒂，洗净。鸭掌拍破，洗净。海带洗净切条。以上原料各一分为二装入盘中，上桌围摆在火锅四周。②锅置火上，下猪油烧至五成热，下葱段、姜末炒香，下盐并烹入香醋，煸炒几下，加入料酒，随即加水（或汤）煮5分钟，放白糖再煮5分钟，打去浮沫，加入胡椒粉烧开。③将汤汁倒入火锅中，加味精烧开，先下鸭掌、肉片、泥鳅，开锅后即可任意烫食。

味碟用麻油、白糖、味精、酱油拌制而成，每人一碟。吃的过程中要加盐和醋，以保持味浓。注：泥鳅不要一次入锅，边吃边下。猪肉片最好用带皮的猪肉切成，醇香利口。熬汤汁去浮沫，用勺背除去，以免将油打去。泥鳅剖腹时，不要弄破苦胆，以免污染；如苦胆已破，可用醋抹入腹内，过片刻冲洗即可。

3. 茶丰泥鳅火锅

茶丰泥鳅火锅的功效：含有很高的蛋白质和多种维生素，有养胃明目、壮阳补阴、美发养颜之功效。

特点：用龙泉查田镇茶丰一带的本地泥鳅所烧的泥鳅火锅，没有泥腥味，且"味美而不油腻，香辣而不上火"，因之查田、茶丰两地的泥鳅馆生意很兴旺，吸引了不少过路食客。

做法：鲜活泥鳅入盆，在清水内放入少许菜油，使其吐尽腹内脏物，剪去头，剖腹去内脏，洗净黏液后沥干水入盘。火锅红汤烧开，打尽浮沫，将泥鳅舀入火锅中与其他原料、味碟同时入席。在剖泥鳅时要注意不要弄破苦胆，煮时不宜过多，应边吃边煮。

三、特色烹调方法

1. 巫山胖泥鳅　肥软细嫩，麻辣鲜香，味浓味厚。

主料：大泥鳅 500g，青笋 250g。

做法：将泥鳅宰杀后待用；起锅下油炒麻辣泡椒味汁，下汤放入泥鳅，再入高压锅内压制 3 分钟出锅，加入余水后的青笋，装盘即成。

2. 烧泥鳅　色泽美观，鱼肉鲜香，淡菜软嫩，营养滋补。

材料：泥鳅 500g，淡菜 75g，枸杞子、黄精各 15g，葱段 20g，姜片 15g，精盐、鸡精各 3g，味精 1g，胡椒粉 0.5g，湿淀粉、酱油各 10g，清汤 500g，植物油 800g，芝麻油 10g。

做法：泥鳅宰杀治净，下入烧至七成热的植物油中炸至略硬捞出。锅内放入清汤，下入黄精烧开，煎煮 15 分钟左右。加入料酒、葱段、姜片，下入泥鳅、精盐、鸡精烧开，炖至七成熟，拣出葱、姜不用。下入淡菜、酱油烧开，烧至熟透，下入枸杞子烧至汤浓，加味精、胡椒粉，淋入芝麻油，用湿淀粉勾芡，出锅装盘即成。

3. 水煮泥鳅

材料：泥鳅 750g，火腿肠 2 根，黄瓜 1 根，芹菜 100g，蒜苗 100g，莴笋 100g，料酒、花椒、泡姜、蒜、豆瓣、老抽、味精各适量。

做法：泥鳅用盐洗净。火腿肠切条、黄瓜和莴笋切片、芹菜和蒜苗切段、姜蒜切细颗粒。热油锅放入蔬菜炒熟装在盘子里。重新起油锅，把泥鳅用大火爆炒，放料酒，装在另一个盘子里。锅中再加点油烧热，把花椒、豆瓣、泡姜、蒜、老抽少许一起放入炒香后，倒入水烧开，再把泥鳅和火腿肠放进去煮至软，放入过油的蔬菜一起煮。煮熟起锅时放入味精即可。

4. 手撕泥鳅

主料：泥鳅。辅料：香菜、泡椒。调料：花椒粉、葱、姜、老抽、白糖、盐、醋、料酒、鸡精、食用油、高汤。

做法：将泥鳅放入水中加入几滴油，让其游动自然除去泥垢，排尽肠内杂物，再剪去头部和内脏，洗净沥干用老抽、料酒涂抹表面和内脏；坐锅点火放油，油六至七成热时放入泥鳅炸至外表起脆壳捞出沥油；锅内留余油放入葱姜、泡椒丝煸炒出香味，倒入泥鳅、老抽、白糖、盐、高汤，待锅开时，加入醋、鸡精收干汁，撒上花椒粉、香菜即可出锅。该菜色泽红褐，香麻兼备，酥嫩适口。

5. 黄芪泥鳅汤

主料：泥鳅 200g、瘦猪肉 100g。辅料：红枣（干）10g、黄芪15g。调料：姜 3g、盐 2g。

做法：红枣泡发，去核；把黄芪和红枣洗净；瘦猪肉放入开水锅中煮 5 分钟，捞起洗净；泥鳅用滚水烫一下，用清水冲洗；去内脏，洗净抹干水分；将泥鳅用油煎至两面微黄色，铲起装盘中；在汤煲内烧滚适量清水，放入泥鳅、瘦肉和生姜、黄芪、红枣、姜；烧开后用小火继续煲约 3 小时，加盐调味即可。

6. 风味烤泥鳅

材料：大泥鳅 750g，青椒、红椒、辣椒粉、香料、盐、酒各适量。

做法：泥鳅去内脏、骨，洗净，加盐、酒腌渍 30 分钟，入味备用。将腌好的泥鳅放入烤箱烤 3 分钟出炉，加入辣椒粉、香料后再烤 1 分钟，装盘，用青椒、红椒点缀盘饰即成。

此菜将泥鳅用来烤制，做法新颖、别致，口味独特，外酥内嫩，原味突出，回味悠长。

7. 红烧泥鳅

主料：泥鳅 400g，猪油 3 汤匙，火腿 10g。

调料：黄酒 1 汤匙，酱油 2 汤匙，葱 1 根，姜丝 10g，干朝天椒 4 个，砂糖 1 茶匙，蒜 5 瓣，精盐适量，鲜辣粉 1 茶匙。

做法：泥鳅剪开腹部去肠，洗净沥干水，加入黄酒、酱油、葱段、姜丝腌渍 15 分钟。火腿切成片。锅内放入猪油、干朝天椒，用大火爆炒 2 分钟，加入泥鳅、调料，继续大火烹调 4 分钟，取出放入火腿片、盐、糖、蒜瓣，覆保鲜膜，仍用大火焖 2 分钟，装盘撒入鲜辣粉即可。

特点：泥鳅嫩滑，鲜辣适口。

8. 椒盐酥泥鳅

原料：泥鳅 500g，熟菜油 750g，精盐 7g，花椒面 1g，米醋 10g，麻油 15g，生姜 10g，葱段 15g。

做法：将泥鳅剖腹去内脏，洗净，再沥干，同精盐 4g、米醋、葱、姜拌匀，码味 30 分钟。将精盐 3g 炒干水汽、捣细，与花椒面拌匀成椒盐面。炒锅置中火上，下熟菜油烧至五成热，分两次放入泥鳅，炸至酥脆呈金黄色，沥尽油，放麻油掂匀盛盘，再撒上椒盐面即成。

第六章 泥鳅养殖行业标准

第一节 泥鳅质量标准

所谓质量标准是指对产品质量要求及其检验方法等所作的统一的技术规定，是检验和评定产品质量的技术依据。随着国际化水平的提高，对水产品的质量要求也越来越高，要求水产品质量安全及管理水平与现代通用的质量管理原则和质量保证模式接轨。因此，近年来，国家相继出台了一系列的相关法律法规、国家标准、行业标准、无公害产品标准和地方标准，为提高水产品质量水平、保证水产品质量安全和提高国际综合竞争力提供了法律保障和技术依据。

一、与水产品质量安全相关的国家法律法规

为提高养殖水产品质量安全水平，保护渔业生态环境，促进水产养殖业的健康发展，国家已经制定并执行了多项相关的法律和法规。目前与水产品质量安全相关的法律、法规有：《中华人民共和国渔业法》《中华人民共和国农产品质量安全法》《国务院关于加强食品等产品安全监督管理的特别规定》《农产品包装和标识管理办法（农业部令第 70 号）》《农产品产地安全管理办法（农业部令第71 号）》《无公害农产品管理办法》《无公害农产品产地认定程序（农业部第 264 号公告）》《食品动物禁用的兽药及化合物清单》《中华人民共和国农业部公告》《第 560 号兽药地方标准废止目录》《禁止在饲料和动物饮用水中使用的药物品种目录》《实施无公害农

产品认证的产品目录（渔业部分）》《水产种苗管理办法》《水产养殖质量安全管理规定》《无公害农产品标志管理办法》《绿色食品标识管理办法》《有机产品认证管理办法》《地理标志产品保护规定》。养殖者要提高泥鳅养殖水平，保证泥鳅产品质量，提高市场竞争力，必须严格遵守国家法律法规。

二、与水产品质量安全相关的国家标准

所谓国家标准是指由国家标准化主管机构批准发布，对全国经济、技术发展有重大意义，且在全国范围内统一的标准。分为强制性国标（GB）和推荐性国标（GB/T）。强制性国标是保障人体健康，人身、财产安全的标准和法律及行政法规规定强制执行的国家标准；推荐性国标是指生产、检验、使用等方面，通过经济手段或市场调节而自愿采用的国家标准。长期以来，标准作为国际交往的技术语言和国际贸易的技术依据，在保障产品质量、提高市场信任度、促进商品流通、维护公平竞争等方面发挥了重要作用。随着社会的发展，国家需要制定新的标准来满足人们生产、生活的需要，为保持我国经济平稳较快发展、加快转变经济增长方式、提高自主创新能力、加强和谐社会建设、深化改革开放提供技术支撑。目前与水产品质量安全相关的国家标准有：《GB 11607—1989 渔业水质标准》《GB 18406.4—2001 农产品安全质量 无公害水产品安全要求》《GB/T 18407.4—2001 农产品安全质量 无公害水产品产地环境要求》《GB 2733—2005 鲜、冻动物性水产品卫生标准》。

三、与水产品质量安全有关的行业标准

所谓行业标准是指由我国各主管部、委（局）批准发布，在该部门范围内统一使用的标准，称为行业标准。行业标准是对没有国家标准而又需要在全国某个行业范围内统一的技术要求所制定的标准，由国务院有关行政主管部门制定，并报国务院标准化行政主管

部门备案，但当同一内容的国家标准公布后，则该内容的行业标准即行废止。行业标准由行业标准归口部门统一管理，行业标准分为强制性标准和推荐性标准。水产行业标准（SC）和农业行业标准（NY）隶属于农业部，目前与水产品质量安全有关的行业标准有：《SC/T 0004—2006 水产养殖质量安全管理规范》《SC/T 1077—2004 渔用配合饲料通用技术要求》《NY 5072—2002 无公害食品 渔用配合饲料安全限量》《NY 5071—2002 无公害食品　渔用药物使用准则》《NY 5073—2006 无公害食品　水产品中有毒有害物质限量》。

第二节　无公害泥鳅养殖技术规范

泥鳅营养丰富，味道鲜美，其蛋白质含量达21%，药用功效显著，因此泥鳅作为一种滋补食品，越来越为人们喜爱。由于捕捞过量及栖息场所的日益恶化，泥鳅资源遭到了破坏，自然产量大为减少。人工养殖已成为市场供应的主渠道，养殖区域在省内外迅速发展。为了规范泥鳅无公害养殖的生产环境，推广泥鳅的养殖技术，保障产品的质量安全，特制定本标准。

1. 范围

本部分规定了泥鳅（Misgurnus anguillicaudtus）无公害养殖的环境要求、鳅苗培育、鳅种培育、食用鳅饲养和病害防治技术。

本部分适用于泥鳅的池塘养殖和稻田养殖。

2. 规范性引用文件

下列文件中的条款通过本部分的引用而成为本部分的条款。凡是注日期的引用文件，其随后所有的修改单（不包括勘误的内容）或修订版均不适用于本部分，然而，鼓励根据本部分达成协议的各方研究是否可使用这些文件的最新版本。凡是不注日期的引用文件，其最新版本适用于本部分。

GB 11607 渔业水质标准

GB/T 18407.4 农产品安全质量无公害水产品产地环境要求

NY/T 394 绿色食品　肥料使用准则

NY 5051 无公害食品　淡水养殖水质标准

NY 5071 无公害食品　渔用药物使用准则

NY 5072 无公害食品　渔用配合饲料安全限量

3. 环境要求

3.1　场地选择

水质清新，水量充足，周围没有污染源。养殖池环境和底质应符合 GB/T 18407.4 的规定。

3.2　水质

水源水质应符合 GB 11607 的规定，养殖用水水质应符合 NY 5051 的规定。

3.3　养殖池

应选择或建造条件良好的池塘，以水泥池或三合土池为好，水泥池底部要求铺有 15～20cm 的壤土为佳，土池底质不宜为沙质土，池塘四周用水泥或塑料板围造，池壁高 80～100cm，进出水口要用铁丝网或尼龙筛绢围住，筛绢网目为 0.15mm（20 目）。

4. 鳅苗培育

4.1　池塘清整消毒

鳅苗下池前 10～15 天，进行清塘消毒。先将池水排干，检查有无漏洞，然后用生石灰清塘，池水深 7～10cm 时，每 667m^2 用生石灰 75～150kg（加水溶化，趁热全池泼洒）。如果池水无法排干，用 20mg/L 的漂白粉进行清塘（将漂白粉加水溶化后，立即遍洒全池）。清塘后一个星期注入新水。注入的新水要过滤。

4.2　饵料培养

4.2.1　豆浆培育法

鳅苗下塘后，每天须泼洒 2 次豆浆（每 100m^2 水面共需干黄豆

0.5kg 左右）。下塘 5 天后，每天的黄豆用量可增加至每 100m² 水面共需干黄豆 0.75kg 左右。泼浆时间为上午 8～9 时、下午 4～5 时各一次。

4.2.2　肥水培育法

施经腐熟发酵过的有机肥，最好是鸡鸭粪，用量为每 667m² 100～200kg。水色以黄绿色为宜。肥料使用应符合 NY/T 394 的规定。

4.3　鳅苗放养

4.3.1　鳅苗来源

来源于国家级、省级良种场或专业性鱼类繁育场。外购鳅苗应检疫合格。

4.3.2　放养

鳅苗放养前，须先在同池网箱中暂养半天，并喂 1～2 只蛋黄浆。向网箱内放入鳅苗时，温差不超过 3℃，并须在网箱的上风头轻轻放入。经过暂养的鳅苗方可放入池塘，以提高放养的成活率。放养密度为 750～1000 尾/m²。有半流水条件的（如孵化池、孵化槽等）可放养 1500～2000 尾/m²。

4.4　水质管理

鳅苗下塘时，池水以 50cm 为宜。鳅苗经过若干天饲养后，应适当加注新水，提高池塘水位。注水的数量和次数，应根据具体情况灵活掌握，一般每隔 1 周注水一次，每次注水 15cm 左右。保持透明度 20～30cm。

4.5　日常管理

鳅苗培育期间，坚持每天早、中、晚巡塘 3 次。第一次巡塘应在凌晨。如发现鳅苗群集在水池侧壁下部，并沿侧壁游到中上层（很少游到水面），这是池中缺氧的信号，应立即换水。午后的巡塘工作主要是查看鳅苗活动的情况、勤除池埂杂草；傍晚查水质，并作记录。此外还应注意随时消灭池中的有害昆虫和蛙，经常检查有无鱼病。

5. 鳅种培育

5.1　培育池准备

5.1.1　清塘消毒

清塘消毒同 4.1。

5.1.2　饵料培养

鳅种培育应采用肥水培育的方法。在饲养期间，可用麻袋或饲料袋装上有机肥，浸于池中作为追肥。有机肥的用量为 $0.5kg/m^2$ 左右。

5.2　鳅种放养

5.2.1　鳅种质量

放养的夏花要求规格整齐，体质健壮，无病无畸形，体长 3cm 以上。外购泥鳅夏花应检疫合格。

5.2.2　放养

基肥施放后 7 天即可放养。一般放养密度为 $200\sim300$ 尾$/m^2$ 泥鳅夏花，还可少量放养滤食性鱼类，如鲢、鳙。有流水条件的，放养密度可加倍。

5.3　饲养管理

5.3.1　饲料

除用施肥的方法增加天然饵料外，还应投喂如鱼粉、鱼浆、动物内脏、蚕蛹、猪血（粉）等动物性饲料及谷物、米糠、大豆粉、麸皮、蔬菜、豆腐渣、酱油粕等植物性饲料，以促进泥鳅生长。

在饲料中逐步增加配合饲料的比重，使之完全过渡到适应人工配合饲料，配合饲料蛋白含量为 30％，配合饲料安全限量应符合 NY 5072 的规定。人工配合饲料中动物性和植物性原料的比例为 3：2，用豆饼、菜饼、鱼粉（或蚕蛹粉）和血粉配成。水温升高到 25℃以上，饲料中动物性原料可提高到 80％。

5.3.2　投饲量

水温 25℃以下时，饲料的日投量为鱼体重的 2％～5％；25℃～30℃为 5％～10％；30℃以上，则不喂或少喂，每天上午、下午各一次，上午喂 30％、下午喂 70％。经常观察泥鳅吃食情况，以 1～2 小时内吃完为好。另外，还要根据天气变化情况及水质条件酌情投喂。

5.3.3　投饲方法

将饵料搅拌成软块状，投放到离池底 3～5cm 处的食台上。切忌散投。

5.3.4　日常管理

经常清除池边杂草，检查防逃设施有无损坏，发现漏洞及时抢修。每日观察泥鳅吃食情况及活动情况，发现鱼病及时治疗。定期测量池水透明度，通过加注新水或施追肥调节，保持透明度 15～25cm。定期泼洒生石灰，使池水保持 5～10mg/L 的浓度。

6.　食用鳅饲养

6.1　池塘养殖

6.1.1　养殖池准备

选择面积为 667～2000m² 的池塘，在食场上搭一个遮阴棚。清塘消毒、饵料培养同 5.1。

6.1.2　鳅种放养

放养规格为 5cm 以上，要求大小整齐、行动活泼、体质强壮、无病无畸形。放养量为 0.75 万～1.0 万尾/100m²。放养前用 4％～5％食盐水消毒，在水温 10℃～15℃时，浸洗 20～30 分钟。

6.1.3　水质管理

池水以黄绿色为宜，透明度以 20～25cm 为宜，酸碱度为中性或弱酸性。当水色变为茶褐色、黑褐色或水中溶氧量 2mg/L 以下时，要及时注入新水。定期泼洒浓度为 5～10mg/L 的生石灰，经常使用有益微生物制剂。

6.1.4　饲养管理

6.1.4.1　饲料种类

泥鳅为杂食性鱼类。泥鳅的饲料组成与水温有关，25℃以下以植物性饲料为主，25℃以上以动物性饲料为主。养殖时除了施肥培育天然饵料外，应投喂鱼粉、动物肝脏、蚕蛹、猪血（粉）等动物性饵料及谷物、米糠、大豆粉、麸皮、蔬菜、豆腐渣等植物性饲料。

6.1.4.2　投饲量

泥鳅通常在水温15℃时开始摄食，摄食量为鱼体重的2%。当水温达到20℃～28℃时，投饵量增至鱼体重的10%～15%。一天分三次投喂。若水温高于30℃或低于10℃时，投饵量减少。

6.1.4.3　投饲方法

饲料做成团状或块状的黏性饵，置于盘中沉到离池底3～5cm处的食台上。

6.1.5　日常管理

做好巡塘工作。每天早、中、晚巡塘3次，密切注意池水的水色变化和泥鳅的活动情况；及时观察饵料投喂后的摄食状况；防止逃逸。

6.2　稻田养殖

6.2.1　稻田选择

选择弱酸性，降雨时不溢水的稻田，田埂高出稻田水面20～30cm，或设置高出水面20～30cm的围墙，或在田四周加插石板、木板等，以防泥鳅潜逃。进出口要设拦网。在田中开挖鱼沟、鱼溜和鱼坑，面积占稻田面积的10%。

6.2.2　天然饵料培养

在沟、溜内施放鸡、牛、猪粪等肥料，让其大量繁殖天然浮游生物，以后还要根据具体情况适当追肥。

6.2.3　放养

在放养时间上要求做到"早插秧，早放养"。一般在早、中稻插秧后 10 天左右，再放夏花或鳅种。规格为 3cm 左右的夏花，5cm 左右的鳅种，放养量为 2 万～3 万尾/667m²。

6.2.4　投饲管理

养殖泥鳅不影响稻田正常施肥。饲料可以投喂鱼粉、豆饼粉、玉米粉、麦麸、米糠、畜禽加工下脚料等，可将饲料加水捏成团投喂；鳅种放养第一周先不用投饵。以后，每隔 3～4 天喂一次。开始投喂时，饵料撒在鱼沟和田面上，以后逐渐缩小范围，集中在鱼沟内投喂；一个月后，泥鳅正常吃食时，每天喂 2 次：日投喂量占鱼总重量的 3％～8％，每次投喂的饲料量，以 2 小时内吃完为宜，超过 2 小时应减少投喂量。

当天然饵料不足时，要投喂鱼粉、动物肝脏、鱼类废弃物等动物性饲料及米糠、蔬菜等植物性饵料。

6.2.5　日常管理

降雨量大时，将田内过量的水及时排出，以防泥鳅逃逸。经常整修加固田埂。注意检查进排水口拦鱼设施，有损坏要及时修补。当水温超过 30℃时，要经常换清水，并增加水的深度，严防被农药污染的水入田。如泥鳅时常游到水面"换气"或在水面游动，表明要注入新水，停止施肥。

在养鳅稻田防病治虫时，要正确选用对症农药，掌握施药浓度、时间和方法，使用高效低毒、低残留的农药，尽量将药液喷在稻叶上，施药后及时换水。

6.2.6　收获时间

在当年年底至第二年 6 月前捕获。

7. 病害防治

7.1　病害预防

病害预防常采取以下措施：

放养前对养殖池进行清整消毒；

鳅苗（种）放养前严格消毒；

控制水质，投喂新鲜饲料；

经常使用有益微生物制剂；

根据水质情况，对水体进行消毒。

7.2 常见病防治

7.2.1 疾病种类

泥鳅的常见病害有车轮虫、舌杯虫、三代虫等寄生虫引起的疾病。细菌感染引起的赤皮病、腐鳍病、烂尾病，以及由水霉感染引起的水霉病等。

7.2.2 防治措施

寄生虫主要危害苗种，可采用 0.6mg/L 硫酸铜溶液或与硫酸亚铁组成的合剂（5∶2）来防治车轮虫和舌杯虫；用 0.3mg/L 晶体美曲膦酯杀灭三代虫。赤皮、腐鳍、烂尾通常是因为捕捞和运输过程中擦伤鱼体和水质恶化等因素诱发。采用 0.3mg/L 二氧化氯或 0.8～1.0mg/L 漂白粉溶液全池泼洒，结合用 10mg/L 土霉素溶液浸泡消毒，可防治这些细菌引起的疾病。

7.2.3 用药方法

药物使用应符合 NY 5071 的规定。

第七章　泥鳅的市场销售与价格分析

第一节　泥鳅价格变动规律

近年来，泥鳅价格除季节性波动外，总体趋势保持平稳。

表7-1　各地泥鳅最近4年同期价格对比

市场名称	2016-07-10 平均价（元/kg）	2017-07-10 平均价（元/kg）	2018-07-10 平均价（元/kg）	2019-07-10 平均价（元/kg）
北京八里桥水产市场	33	35	34	33
湖北闽洪水产市场	35	36	33	35
山东威海水产市场	34	34	33	34
苏州南环桥水产市场	29	21	23	25
江西九江浔阳水产市场	35	34	33	34
新疆北园春水产市场	43	42	41	42

从表 7-1 中价格统计可看出泥鳅价格近 4 年来保持稳定，与近几年低迷的鱼价相比已经非常出色，新疆的泥鳅价格在全国每年中都是最高的，2016 年最高出现了 43 元/kg，其后几年一直保持在高位，仅有微幅波动。每年泥鳅价格高峰期一般都出现在春节期间，所以每年的春节价格会更高。从图 7-1 中可以看出 2018 年冬季新疆农贸城泥鳅价格竟然达到了 50 元/kg，因为在气温较低的冬季泥鳅比较难捕捞，此时价格最高，人工养殖就可以选择气温较低时出售，赚取的利润最大。表中的数据都是各地批发市场的价格，如果养殖户能够实现与农贸市场、超市对接直供，价格会更高，利润更为可观。

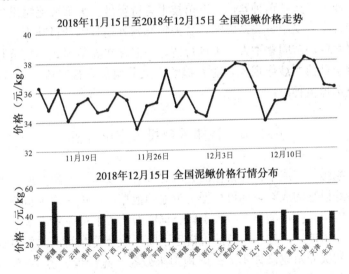

图 7-1　2018 年 11 月 15 日至 2018 年 12 月 15 日泥鳅价格走势图

泥鳅价格这几年整体处于上升趋势。2019 年春节期间价格高达 74~76 元/kg，3 月中旬 50 元/kg 左右。而养殖泥鳅成本在 10 元/kg 左右，利润空间很大。一般冬季价格较高，夏季价格较低。另外，按照往年一般年后会涨，所以年前囤货准备年后涨价卖的养殖户较多，量多致使价格有所跌落。业内人士预测今年价格会保持平稳。

泥鳅受天气影响较大，一般冬天气候冷则捕捞量减少，养殖泥鳅价格较高，如遇暖冬则捕捞量大，价格较低。2019年泥鳅养殖规模与市场价格同步上涨。泥鳅适宜养殖范围广，江苏、浙江、湖南、湖北、安徽、江西、福建等省份均有规模养殖，其中江苏连云港特别集中，分布最广的为大鳞副泥鳅。养殖模式有池塘养殖、平地自建塘养殖，以及与鱼或虾混养，大规模养殖一般用池塘或平地自建塘。

泥鳅繁殖期为4～10月，水温20℃以上繁殖。现在采用恒温技术可实现全年繁殖。野生苗种成活率与生长速度均不及人工繁殖苗种，而人工繁殖苗种紧俏，育苗技术有待突破。大部分泥鳅出口韩国和日本，受中日关系影响，从去年开始外销日本的量减少。目前泥鳅养殖环节问题不大，市场行情好，但存在养殖模式不规范与企业对于种苗的炒作现象，业者提醒广大养殖户理智对待产量宣传，谨慎选择苗种。

第二节　泥鳅养殖投入产出分析

泥鳅养殖成本：一亩地的养殖泥鳅成本要多少？所处地点不一样不好说它的成本，你可根据一亩地的池塘的造价，购买鱼苗的价格，电费、防疫消毒费、人工费、饲料费用、水费等来估算。

因为地区的差异，苗的价格也不同，放苗的时间不同价格也不同。初次养殖建议你不要一味地追求效益。先少量试养一年看看。等有了经验再扩大规模。

作为特种水产养殖的一个重要品种，泥鳅在最近几年的养殖热潮也持续升温，泥鳅养殖的范围不断地扩大，目前河南、山东、四川、江苏、湖南、浙江、湖北、安徽、重庆等地的泥鳅养殖都如火如荼地开展着。

现以养殖2亩水面的泥鳅，投苗1000kg为例进行投入产出分析。

1. 种苗购买资金。2亩水面，投放泥鳅苗1000kg，以20元/kg计算，需20000元。

2. 水面租金。每年500元/亩（各地不同，请自己调节数据）。2亩泥鳅塘，水面租金成本1000元左右。

3. 渔药、水电等其他开支。2000元左右（保守估计，泥鳅如果患病的话，渔药投入会更大）。

4. 饵料成本。泥鳅全价饲料4000元/t左右。一般情况下泥鳅的肉料比为1∶3（即1.5kg饲料出0.5kg泥鳅）。按1000kg苗出产2500kg泥鳅计算，泥鳅增重1500kg，需要投入饲料4500kg。饵料成本18000元左右。

5. 养殖周期3～5个月。养殖总成本41000元左右。各地的泥鳅苗和饲料价格有差异，所以养殖成本也有区别（本预算未包括池塘建造和人员工资等费用，可根据当地的实际情况计算）。

6. 产出。养殖2亩水面的泥鳅，投苗1000kg，产出在2500kg左右（种苗的质量和规格，养殖技术，饲料的优劣，养殖周期的长短等因素均对出产量有影响）。冬季商品泥鳅的批发价格按保守价24元/kg计算，2500kg泥鳅收入为60000元。

7. 利润分析。泥鳅的养殖技术简单易学，容易掌握，病害少。销路基本不愁，只是随市场行情变化，价格有波动。风险较小，值得推广。养殖户可先小规模试养。

8. 泥鳅养殖重要提示。国内泥鳅的规模化繁殖已取得成功。目前市场上有野生和人工2种泥鳅苗，均可用于规模化养殖。泥鳅苗的运输基本不存在"感冒"一说。所以在运输的时候可以在包装内加少量冰，保证泥鳅苗不会因水温过高，发热而死。但值得注意的是泥鳅在包装的时候需要滴入少量食用油（菜籽油、大豆油均可），以防泥鳅拥挤产生大量泡沫，致泥鳅缺氧而亡。

链接一

湖南桃江羞女山下有个"泥鳅王"

小泥鳅可有大作为。湖南省益阳市修山镇莲盆嘴村村民符小成从事泥鳅养殖发家致富，已在桃江水产养殖业内传为佳话，人们称他为"泥鳅王"。

从 20 世纪 90 年代开始，符小成一直在慈利、石门等地从事竹器加工工作。2007 年 2 月，因需照顾患内风湿病瘫痪的母亲而回家创业。首先他利用自己居住在山村的优势从事山羊养殖，并很快发展到 120 多只山羊，由于饲养山羊既辛苦，又赢利不多，决定另找门路发展。

符小成了解到，随着人们生活水平的提高，泥鳅市场前景看好。泥鳅肉嫩味美营养、药用价值高，有"水里人参"之称，在国内外市场走俏，尤其是日本、韩国市场需求量大，野生泥鳅更是越来越少，且难以捕捞。2009 年 5 月，他到县畜牧水产局咨询泥鳅养殖技术，了解到沾溪镇石门塘村周建高在江苏从事泥鳅养殖十多年，现在家饲养，当天他就赶到周建高家请教。初次上门，周建高就直言饲养泥鳅成功的少，失败的多，且养殖技术和管理水平要求高，劝他放弃想法。回家经过几天的思考后，他再次来到周建高家并将自己的身世和执着创业及诚恳拜师的想法和盘托出。周建高被他的真诚和热心打动，当即陪他一起到修山，开展一系列实地察地形、水质和 pH 值检测等技术操作，认为养殖场地基本符合泥鳅养殖条件，周建高决定收他为徒。

在师傅的指导下，他投资 5 万多元，将自己的五丘梯田挖平、衬砌，建成 2.5 亩的养殖池，从江苏引进大鳞、大富、中泥、黄斑鳅等品种鳅苗 75 千克。从创业开始的两年，他每天都是早晨 5 点多起床，先到塘边仔细查看泥鳅的生长习性，白天配饲料、割草，定期用中药给泥鳅进行预防消毒，晚上看书学技术，将白天观察到的泥鳅生长过程的特性逐一整理。繁殖季节，气温适宜时，他捞起一批成年母泥鳅逐条打催产针，不久"产房"尽是金灿灿的泥鳅籽，几天后，这些泥鳅籽催化成百万尾幼苗。通过精心饲养，两年发展到2500多千克的养殖规模。尝到甜头的符小成，于2010年3月，进一步扩大生产，租用本组村民稻田20亩，增加引种1000多千克。同时为了保持养殖场的原生态养殖，从外地引进日本太平三号蚯蚓进行繁殖，建起了200m² 的蚯蚓养殖基地，以蚯蚓为主料，尽可能减少饲料饲养，此举既降低了饲养成本，又提高了泥鳅品质。通过四年多的努力，符小成预计养殖场内现有成年泥鳅达2000多千克，平均以20元/kg的价格出售，预计产值160万元，可获利百万元以上。广东、邵阳、湘阴、大栗港、沾溪等地都有顾客前来要求引种和学习技术，江苏一水产养殖公司有意将他定为该公司湖南养殖基地，为他提供产、供、销一条龙服务。

如今技术上已经比较成熟的符小成又有了新的发展规划，为充分利用水面，今年准备在养殖池内种植水稻，开展种养结合的养殖模式，他说种植水稻既有利于泥鳅的繁殖，在夏天起到遮阳作用，提高泥鳅的生产能力，又能收到绿色环保的稻谷，同时准备饲养几千只蛋鸡，利用鸡粪饲养蚯蚓，建立种养结合的立体农业发展模式。

符小成说："在以后的生产中，我更加注重产品的宣传营销，开辟更大的销路，一旦销售网形成，我会将泥鳅苗低价卖给周边乡亲发展养殖，无偿提供技术指导，带动更多的农户共同致富，并力争打出桃江自己的养殖新品牌，形成桃江泥鳅新产业。"

（本文摘自：中国食品商务网）

链接二

泥鳅养殖技术问答

1. 鳅类的渔业价值怎样？

鳅类多数是小型鱼类。最小个体是产于新疆的小体高原鳅（Triplophysa minuta），体长 34.6～52.6mm，最大个体是产于黄河上游的拟鲇高原鳅（T. siluroides），一般体长 400mm，最大者达到 495mm，重 1060g。但是，由于鳅类数量多，分布广，其肉质细嫩、清淡、鲜美，营养价值高于一般鲤科鱼类，经济价值较高。泥鳅因其食性广，生命力强，不仅天然资源丰富，也适宜发展多形式养殖。在国际市场上销路甚广，是水产出口创汇商品之一。

泥鳅对环境有很强的适应能力，在池塘、沟边、湖泊、河流、水库、稻田等各种淡水水域中均能养殖繁衍，养殖效益很高。近年，因为水资源污染、大量捕捉等原因，导致我国野生泥鳅产量逐年下降，而国内外市场需求又逐年上升，这为人工养殖泥鳅创造了很大的商机，目前泥鳅养殖已成为农民创收致富的一条很好的途径。

2. 泥鳅养殖的发展与现状如何？

我国泥鳅养殖始于 20 世纪 50 年代中期，但养殖进展缓慢，规模也不大，且各地发展不平衡。许多地方仍以天然捕捞为主，人工养殖仍处于次要地位。多数地区的泥鳅养殖，除部分专业户外，仍以渔（农）户庭院或房前屋后的坑池养殖较为普遍，而且泥鳅人工养殖的技术应用还不太普及，加上由于规模小、养殖户分散，产量和效益都受到了一定的限制。20 世纪 90 年代后期，泥鳅养殖开始从小水体养殖向规模化生产发展，养殖形式有池塘养殖、网箱养殖、水泥池养殖等多种养殖方式，仅江苏赣榆县墩尚镇，2007 年就发展池塘围网养鳅 1.6 万亩，在全国 13 家泥鳅加工、出口龙头企业中，赣榆县墩尚镇就占了 8 家，泥鳅出口量占全国出口量的九成以上,养殖户取得了亩均效益 1.6 万~2 万元(高的每亩达 10 万元以上)。近年,受泥鳅市场价格的影响,稻田养殖泥鳅也发展迅速,仅河南省范县目前就有稻田养殖泥鳅面积 2000 多亩,一般亩产泥鳅 1000kg 以上,每亩利润在 5000 元以上。我国稻田众多,因地制宜开展稻田养殖泥鳅,是创造高效益生态农业的新型模式。

近年来,随着渔业生产结构的调整和特种水产养殖业的兴起,泥鳅养殖受到各地的重视,得到了长足的发展,但发展速度还不是很快,加之天然资源因水域受污染严重、农药的大量使用以及电力捕鱼的危害等因素影响,泥鳅资源量呈下降趋势。另外,特种水产的兴起也导致大量捕捉泥鳅作为其他养殖对象的动物饲料,其商品仍不能满足目前国内外市场日益增长的需求。因此,开展泥鳅人工养殖有着广阔的前景。

3. 投资养鳅效益怎样?

养鳅是投资不大、方法简便、节省劳力、效益较高的生产方式。据报道,日本农民每年大规模利用空闲稻田养殖泥鳅,采用水稻、泥鳅轮作制,秋季平均每 100m² 水面放养 200kg 泥鳅,投喂一些米糠、马铃薯渣、蔬菜渣等,第二年秋季可收获 400kg 泥鳅,而且养过泥鳅的稻田来年谷物产量更高。由此可见,泥鳅养殖具有明显的经济效益。稻田养殖泥鳅是目前发展特种水产养殖的一条好途径。与稻田养殖其他水生动物一样,可以充分利用稻田生态条件,发挥稻田的利用价值,达到粮食增产、鳅鱼丰收的规模经济效益。从目前的养殖技术水平看,一般每亩稻田可产泥鳅 50~100kg,仅泥鳅收入即达 500~1000 元。投入大、管理好,产量和收入则更高。庭院养殖泥鳅,经 120~151 天饲养,即可增重 5~10 倍,达到上市规格。一般 100~200m² 鳅池可产泥鳅 250~500kg,收入可达 2500~5000 元。近年池塘养鳅最少亩产商品泥鳅 500kg,亩产量高的达 1500kg,按照目前的市场价格每千克 30 元计,亩均效益达 15000 元。

4. 商品鳅的国内外市场如何？

由于泥鳅营养价值高，味道鲜美，我国的居民尤其是南方人有喜食泥鳅的习惯，市场需求量较大，因此，泥鳅多年来一直销路看好。港澳台市场也频频向内地要货，且数量较大。在国际市场上，泥鳅销路一直很好。

据国内外泥鳅市场调查显示，中国的泥鳅在国内外市场上深受欢迎（如日本、韩国），销路很广。从 2000 年至今，小泥鳅连续十多年走俏市场。国内市场年需求量为 40 万～50 万吨，2018 年国内产量约为 35 万吨，需大于求，导致价格连续保持在高位。1995 年每千克为 5 元，2002 年上涨至 15～18 元，2008 年又上升至 24～48 元。国际市场对我国泥鳅需求量呈上升趋势，订货量年年增加，尤其是日本、韩国需求量较大，年需求量约 10 万吨。

由此可见，泥鳅在国内外市场的容量和销售潜力都很大。如果我们在现有基础上增加科技和物资投入，扩大泥鳅养殖规模，实行苗种培育、成鳅养殖、泥鳅加工和销售成龙配套，一定会取得可观的经济效益和社会效益。

5. 泥鳅健康养殖前景怎样？

泥鳅生命力较强，容易开展人工养殖。由于泥鳅能利用皮肤、肠道进行呼吸，对水的依赖性相对较小，所以特别适合在各种浅水水体如稻田、洼地、小塘坑及山区水源不足处养殖。泥鳅食性杂，饲料来源容易解决。泥鳅繁殖力较强，天然资源较丰富，因此苗种成本较低，也容易解决，泥鳅适应性强，分布广。这些优点都给泥鳅人工养殖带来极大的便利。因此，无论是泥鳅本身的特点，还是养殖条件需求，饲料来源还是市场潜力，开展泥鳅养殖有其独特的优越性。泥鳅已经具有成熟的国内外市场，所以泥鳅养殖前景十分广阔。

进入 21 世纪以来，人们对环境保护意识空前提高，对食品安全和人类自身的健康更加关注。因此，渔业生产再也不能以牺牲环境、资源，甚至人类本身的健康而谋求发展和获取不正当的经营效益，必须从重数量轻质量型渔业转向安全、质量、生态、效益型，即进行无公害水产品健康养殖。

无公害渔业实际上是一种健康渔业、安全渔业、高效渔业、现代先进渔业，是世界渔业发展的方向，因而必须把可能发生的危害消灭在养殖过程之中。也就是说，泥鳅健康养殖应该从养殖基地、亲本、卵直至运输、暂养、加工、贮存等均达到无公害标准。

目前水产养殖中的质量安全问题是制约着渔业发展和市场竞争力的主要矛盾之一。它不仅影响着水产品的市场竞争力和出口，而且还损害着人们的身体健康及我国的国际形象。所以农业部从2001年4月开始，在全国启动了"无公害行动计划"，近年无公害农产品安全生产体系已经建立，健康养殖已开始步入规模化生产轨道。因此，泥鳅养殖必须走健康养殖之路，只有这样，才能使泥鳅养殖生产持续发展，养殖产业及其市场前景才会不断扩大。

6. 什么是泥鳅健康养殖？

泥鳅健康养殖是以促进泥鳅健康和恢复鳅鱼健康，从而提高养殖成活率、产量和保证其产品质量为目的的养殖。养殖管理措施将随着泥鳅健康的动态变化而变化，或者预测可能发生的变化而做调整，大体包括以下10个方面：

（1）场址合适。养殖场选址要符合公共卫生要求，远离交通要道、工业区、居住区和污染区，场区内空气清新、水源充足，水质必须符合无公害水产品生产的要求，不含病原微生物、寄生虫卵、重金属、有机腐败产物。

（2）环境舒适。要给泥鳅提供舒适的生存空间，创造良好的环境条件。

（3）营养平衡。泥鳅日粮组成要多样，按需要配齐能量、蛋白质、氨基酸、矿物质、维生素等营养要素，不能在饲料中添加有害泥鳅质量安全的物质和禁用药物等。

（4）饲料安全。饲料要品质优良，无污染、无霉变。含有天然毒素的饲料，必须经过脱毒处理，还要控制用量。剩料要及时清理，防止腐败变质。禁止直接使用各种生活污水、生活垃圾和人畜禽粪肥。严禁使用各种违禁药物和添加剂。

（5）预防病害。科学制定免疫程序，选用合适的药物，定期监测水体变化和泥鳅活动状况、快速早期诊断疫病。

（6）谨慎消毒。要充分考虑到消毒剂对泥鳅可能带来的损害，保证消毒过程和消毒前后不会给泥鳅带来过大的应激。

（7）操作规范。在环境改造、日常管理、转运方式等方面，都要充分考虑泥鳅生命本能需求，实施最佳的饲养制度和管理措施。

（8）控制污染。养殖场粪便、垃圾、污水中含有大量微生物和氮、磷等，若直接排入外界，会严重污染水源，破坏土壤结构，危害生态平衡，必须顾及对环境的影响，不但要对粪便、污水进行恰当的处理，还要注意通过调整日粮结构，减轻污染物的排泄。

（9）制度规范。建立定期巡查、封闭管理和生产档案制度。

（10）评估检测。定期对泥鳅进行健康检测，对环境条件、管理制度进行安全检查和评估，认真查找安全隐患，及时调整饲养管理制度和免疫预防措施，给泥鳅一个健康、安全的生态环境。

7. 如何实施泥鳅健康养殖工程？

实施泥鳅健康养殖工程，应根据泥鳅生长、繁殖的规律及其生理特点和生态习性，选择科学的养殖模式，通过对全过程的规范管理，投入品的严格控制，增强养殖群体的体质，控制病原体的发生或繁衍，使养殖对象在安全、人工控制的理想生态环境中健康、快速生长，从而达到优质、高产、高效的目的。

8. 泥鳅健康养殖的发展方向是什么？

"设施渔业"是发达国家对现代渔业的定义，即以完善的设施代替人工和池塘，从事渔业生产。其最大的优点是：规模不大，设施完善，环境幽雅，用工很少，养殖对象生长健康，生产效益很高。

目前，我国泥鳅养殖进入了一个新的发展阶段，随着养殖水平的提高，商品鳅产量迅速上升，为丰富市场和繁荣农村经济做出了积极贡献。但是，我国可用水域资源有限，规模化生产受到制约，加之水产品质量安全标准的提高，水产养殖业投入品的严格管理，在一定程度上推进了设施渔业的发展。因此，泥鳅健康养殖的发展方向是设施养殖。

（本文摘自：靖江农业信息网）

第三节　鲜活泥鳅的营销模式与特征分析

目前，泥鳅的销售以鲜活为主，可谓"千斤活鱼好卖、一斤死鱼难售"。根据相关研究，结合对江苏、湖南、湖北等销地及产地市场调查，按鲜活泥鳅流通过程中各功能主体之间的联结方式（包括资本、协议、合同），可把泥鳅流通组织模式分成市场交易型、联盟合作型和产运销一体化型3种（图7-2）。现将各种类型的特点介绍如下。

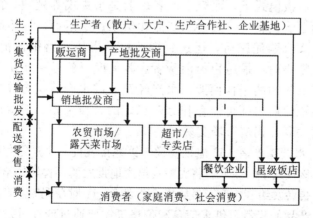

图7-2　泥鳅流通组织结构示意图

一、销售类型

（一）市场交易型

市场交易型模式指泥鳅流通过程的各功能环节由不同主体承担，各主体之间没有协议或合同，以纯粹的市场关系为主。他们一般根据市场行情变化随机进行对手交易，交易过程多在水产品批发市场进行，这是目前泥鳅流通组织模式最主要的类型。根据流通过程经过的渠道环节不同，泥鳅市场交易型模式主要包括以下 4 种。

1. 水产生产者—销地批发商—水产零售商—消费者。该模式下泥鳅养殖者一般是大户或养鳅合作社，由于实力较强，可以购置专用运输设备，通过自运或第三方物流运输等方式将泥鳅出售给销地批发商，再转卖给零售商（主要是农贸市场/露天菜市场，下同），最后售给消费者。合作社内部农户之间及农户与合作社之间存在较正式的合作协议，但合作社与其他流通环节主体之间还是纯粹的市场关系。

2. 水产生产者—水产贩运商—销地批发商—水产零售商—消费者。该模式下，泥鳅生产者一般是小规模养殖户，由于没有专用运输设备，一般将水产品卖给水产贩运商。泥鳅贩运商则到塘头收购泥鳅后，运送到销地批发市场卖给销地批发商，再卖给零售商，最后售给消费者。贩运商一般是多年从事泥鳅等水产品收购的个体商贩、水产经纪人或水产运销合作社。批发商与贩运商之间可能存在相对稳定的合作关系，但缺乏内在的利益关联，仍属市场交易。

3. 水产生产者—产地批发商—销地批发商—水产零售商—消费者。该模式下，生产者将泥鳅卖给产地批发商，再转售给销地批发商，再转卖给零售商，最后售给消费者。一般在泥鳅主产区，区域性水产品的集散、供求信息和价格等需要通过产地批发市场进行。由于运输半径较小，泥鳅生产者一般通过简易运输工具将产品运送至附近的产地批发市场出售，而不熟悉产地养殖户状况的各销地批发商则通过自运的方式到产地批发商处采购。

4. 水产生产者—水产贩运商—产地批发商—销地批发商—水产零售商—消费者。对于主产区的小规模养殖户来说，由于没有专用运输设备，经常把泥鳅售卖给贩运商，水产贩运商到塘头收购泥鳅后，再贩运到产地批发市场出售给产地批发商；销地批发商则到产地批发商处购买，再转卖给零售商，最后出售给消费者。中间经过水产贩运商、产地批发商、销地批发商和水产零售商4道环节。在江苏、湖北等泥鳅主产区的调查发现，该模式也较为多见。

（二）联盟合作型

联盟合作型模式指泥鳅流通过程的各功能环节由不同主体承担，各主体之间以某种协议或合同的形式明确各自分工，建立上下游功能主体之间的长期交易联盟关系，形成泥鳅供应链风险和利益共担合作机制。这种模式也是目前泥鳅流通组织模式的重要类型。根据流通过程中占据主导地位的联盟合作主体属性，联盟合作型模式可分为以下3种。

1. 生产合作社主导型

该模式一般以优势产区的泥鳅合作社为核心。这些合作社一般会利用自身独特的品种、生产规模、技术服务、信息和品牌等方面的优势进行企业化经营，积极主动开拓市场，与下游水产品批发商、零售商和餐饮企业形成稳定的契约化合作，并根据市场需求进行生产计划安排，在产品供给以及价格等方面具有主导地位。

2. 批发商主导型

该模式以批发市场（包括产地批发市场与销地批发市场）为核心，通过批发市场管理者提供的区域农产品集散、供求信息、产销对接、分级、配送、展示、会议洽谈及电子商务等服务功能，各批发商有效连接各自上游供货商（生产者、贩运商等）和下游零售餐饮企业，并通过协议或合同结成长期固定紧密的合作关系。

3. 定点零售餐饮企业主导型

该模式一般以超市、餐饮企业或星级饭店等为核心。连锁超市、连锁餐饮企业以及星级饭店等具有雄厚的资金实力和网络化的销售渠道，配备强大的信息系统，有实力派出大量采购员直接去产地批量采购或建立订单农业；单店超市和特色餐饮企业，虽然规模和实力不太强，不具备强大的信息系统，也没有实力派出大量采购员直接去产地批量采购或建立生产基地，但连续稳定的需求使之可以与泥鳅生产者、贩运商、产地批发商或销地批发商等形成稳定的长期联盟合作关系，以获得连续稳定安全的产品供应。这种模式中最重要的是定点零售餐饮企业的消费需求，定点零售餐饮企业对产品数量、质量和档次等需求越强烈，其主导的整条供应链的合作关系就越稳定。

（三）产运销一体化型

产运销一体化型模式是指泥鳅从生产到消费的全流通过程各功能环节均由同一个主体完成，中间无任何其他市场交易行为。这是泥鳅流通组织化程度最高的模式，在实际中并不多见。根据运输量、运输距离等划分，产运销一体化型模式可分为以下2种。

1. 原始的/单段二元式

此种模式生产者生产的泥鳅直接拿到市场销售给消费者，是最原始、最基本、最简单的模式。目前在流通不发达地区，小规模泥鳅生产者由于生产量较少、无专业运输车辆，产品出塘后就近销给当地居民。

2. 现代的/单段二元式

此种模式下也只包括生产主体和消费主体两类，但生产环节一般实行集约化、规模化养殖，运输环节生产者自建物流配送中心，销售环节自建连锁专卖店或专卖区，甚至参股零售餐饮企业的经营，物流更快、更准、更优。

二、流通组织模式特征分析

（一）市场交易型模式特征分析

1. 生产与消费特征

该模式下，生产主体主要是泥鳅养殖散户、大户或生产合作社；而消费主体以居民日常家庭食用为主，属于大众消费群体。

2. 流体与运输特征

该模式下，流体主要以规格较小、价格较低的泥鳅为主。运输主体主要是养殖户、贩运商或一些个体运输户；近距离运输一般采用三轮车、小型农用车或小型面包车加盛装泥鳅的桶、篓、袋等，很少有充氧设施；中远距离运输则一般采用自己改装或改装厂改装的活鱼运输车，有一定的充氧设施，并在运输途中进行适当的换水或加冰。

3. 成本费用特征

该模式下，运销主体的初期固定投资不高，设施费用较低；但由于产、运、销都是由不同的主体控制，交易环节较多，各个主体需要花费大量搜寻成本和甄别成本，寻找合作伙伴，并甄别不同的合作伙伴之间合作的利益变化，因此交易费用较高。

4. 运行效率特征

该模式下，由于各运销主体各自负责一个或几个功能环节，不同主体随着市场变化随机交易，各主体关系极不稳定，组织化程度低，产品质量可追溯性差。

（二）联盟合作型模式特征分析

1. 生产与消费特征

该模式下，生产主体以养殖大户、生产合作社以及养殖企业为主，生产有一定的规模及计划；而消费主体可根据最终消费场所的不同，分为大众和高端两个层次。一般通过合作社、批发市场环节、超市以及特色餐饮企业进入消费市场的主要是面向大众消费；

通过星级酒店进入消费市场的产品档次高，主体消费能力强。

2. 流体与运输特征

该模式下，面向大众消费的流体主要是质量一般的泥鳅，而面向星级酒店等高端消费人群的流体主要是大规格优质产品。由于供应链合作关系稳定，需求量较大，中低价格活鱼长距离运输一般委托第三方物流公司，或自建的农产品物流配送中心，采用专用的活鱼运输车和活鱼运输集装箱，水质净化、降温以及增氧设施及技术较高；而中高价格的活体长距离运输一般采用空运，以保证泥鳅的质量。

3. 成本费用特征

该模式下，运销主体物流设施的固定投资较大，设施费用较高；但由于运销规模较大，供应链合作关系稳定，所以搜寻和甄别交易合作伙伴、价格谈判以及合作伙伴的违约风险等造成的交易费用较低。

4. 运行效率特征

该模式下，虽然流通渠道可能较长，流通环节可能较多，但由于各主体形成了较为稳定的合作关系，供应链的稳定性较高，并可形成一定的质量追溯体系。

(三) 产运销一体化型模式特征分析

1. 生产与消费特征

现代/单段二元式模式的生产主体主要是大型的养殖企业（原始/单段二元式模式不讨论），生产、资金以及运营能力较强，管理和技术水平较高，企业的生产规模较大，品种较多，生产基地可能是跨区域的网络布局，因而一般是面对大众的消费。

2. 流体与运输特征

现代/单段二元式模式下，企业的生产基地一般进行无公害生产或有机生产，进行品牌化销售，因此流体也有较高的价格；该模式下，多数企业的养殖基地随消费市场而布局，因此运输距离相对较近。为了保障品牌鱼的质量，一般企业自建物流配送中心，采用较为高级的活鱼运输设施进行运输。

3. 成本费用特征

现代/单段二元式模式下，产运销是同一主体，需要在物流系统、销售系统和营销系统等方面同时投资，设施费用较高；但由于不存在其他交易主体，基本没有搜寻甄别交易合作伙伴以及谈判等的交易费用，并且企业可以结合自身条件设计规划物流线路，大大降低了总体运营成本。

4. 运行效率特征

现代/单段二元式模式下，流通渠道最短，环节最少，直接面对消费者，针对市场变化可以及时调整生产规模和生产种类，对市场作出较快反应；而且，只有一个运销主体，供应链稳定性高，可形成良好的质量追溯体系。

通过对泥鳅流通组织模式的现状分析，以及对不同组织模式的特征分析，可以看到：市场交易型、联盟合作型和产运销一体化型流通组织模式存在的条件各不相同，其中，影响模式选择的因素主要有生产和消费特征、泥鳅品质和运输特征等；由此引发各流通组织模式的运行效率和成本费用也有较大差异。随着流通组织模式组织化程度的提高，产业链的稳定性、敏捷性以及质量安全保证能力均有较大提高。因此，对泥鳅流通组织模式进行优化，并提出适宜的升级措施将是未来泥鳅产业链发展的关键。

附录1

无公害食品　渔用药物使用准则
（摘自中华人民共和国农业行业标准 NY5071—2002）

1. 范围

本标准规定了渔用药物使用的基本原则、渔用药物的使用方法以及禁用渔药。

本标准适用于水产增养殖中的健康管理及病害控制过程中的渔药使用。

2. 规范性引用文件

下列文件中的条款通过本标准的引用而成为标准的条款。凡是注日期的引用文件，其随后所有的修改单（不包括勘误的内容）或修订版均不适用于本标准，然而，鼓励根据本标准达成协议的各方研究是否可使用这些最新版本。凡是不注日期的引用文件，其最新版本适用于本标准。

NY5070 无公害食品　水产品中渔药残留限量

NY5072 无公害食品　渔用配合饲料安全限量

3. 术语和定义

下列术语和定义适用于本标准。

3.1　渔用药物　fishery drugs

用以预防、控制和治疗水产动植物的病、虫、害，促进养殖品种健康生长，增强机体抗病能力以及改善养殖水体质量的一切物质，简称"渔药"。

3.2　生物源渔药 biogenic fishery medicines

直接利用生物活体或生物代谢过程中产生的具有生物活性的物

质或从生物体提取的物质作为防治水产动物病害的渔药。

3.3　渔用生物制品 fishery biopreparate

应用天然或人工改造的微生物、寄生虫、生物毒素或生物组织及其代谢产物为原材料，采用生物学、分子生物学或生物化学等相关技术制成的，用于预防、诊断和治疗水产动物传染病和其他有关疾病的生物制剂。它的效价或安全性应采用生物学方法检定并有严格的可靠性。

3.4　休药期 withdrawal time

最后停止给药日至水产品作为食品上市出售的最短时间。

4. 渔用药物使用基本原则

4.1　渔用药物的使用应以不危害人类健康和不破坏水域生态环境为基本原则。

4.2　水生动植物增养殖过程中对病虫害的防治，坚持"以防为主，防治结合"。

4.3　渔药的使用应严格遵循国家和有关部门的有关规定，严禁生产、销售和使用未经取得生产许可证、批准文号与没有生产执行标准的渔药。

4.4　积极鼓励研制、生产和使用"三效"（高效、速效、长效）、"三小"（毒性小、副作用小、用量小）的渔药，提倡使用水产专用渔药、生物源渔药和渔用生物制品。

4.5　病害发生时应对症用药，防止滥用渔药与盲目增大用药量或增加用药次数、延长用药时间。

4.6　食用鱼上市前，应有相应的休药期。休药期的长短，应确保上市水产品的药物残留限量符合 NY5070 要求。

4.7　水产饲料中药物的添加应符合 NY5072 要求，不得选用国家规定禁止使用的药物或添加剂，也不得在饲料中长期添加抗菌药物。

5. 渔用药物使用方法

各类渔用药使用方法见表1。

表1　渔用药物使用方法

渔药名称	用途	用法与用量	休药期/d	注意事项
氧化钙（生石灰）calcii oxydum	用于改善池塘环境，清除敌害生物及预防部分细菌性鱼病	带水清塘：200～250mg/L（虾类：350～400mg/L）全池泼洒：20mg/L（虾类：15～30mg/L）		不能与漂白粉、有机氯、重金属盐、有机络合物混用
漂白粉 bleaching powder	用于清塘、改善池塘环境及防治细菌性皮肤病、烂鳃病、出血病	带水清塘：20mg/L 全池泼洒：1.0～1.5mg/L	≥5	1. 勿用金属容器盛装 2. 勿与酸、铵盐、生石灰混用
二氯异氰尿酸钠 sodium dichloroisocyanurate	用于清塘及防治细菌性皮肤溃疡病、烂鳃病、出血病	全池泼洒：0.3～0.6mg/L	≥10	勿用金属容器盛装
三氯异氰尿酸 trichlorosisocyanuric acid	用于清塘及防治细菌性皮肤溃疡病、烂鳃病、出血病	全池泼洒：0.2～0.5mg/L	≥10	1. 勿用金属容器盛装 2. 针对不同的鱼类和不同水体的pH值，使用量应适当增减

续表1

渔药名称	用途	用法与用量	休药期/d	注意事项
二氧化氯 chlorine dioxide	用于防治细菌性皮肤病、烂鳃病、出血病	浸浴：20～40mg/L，5～10min 全池泼洒：0.1～0.2mg/L，严重时0.3～0.6mg/L	≥10	1. 勿用金属容器盛装 2. 勿与其他消毒剂混用
二溴海因	用于防治细菌性和病毒性疾病	全池泼洒：0.2～0.3mg/L		
氯化钠（食盐） sodium chloride	用于防治细菌、真菌或寄生虫疾病	浸浴：1%～3%，5～20min		
硫酸铜（蓝矾、胆矾、石胆） copper sulfate	用于治疗纤毛虫、鞭毛虫等寄生性原虫病	浸浴：8mg/L（海水鱼类：8～10mg/L），15～30min 全池泼洒：0.5～0.7mg/L（海水鱼类：0.7～1.0mg/L）		1. 常与硫酸亚铁合用 2. 广东鲂慎用 3. 勿用金属容器盛装 4. 使用后注意池塘增氧 5. 不宜用于治疗小瓜虫病

续表2

渔药名称	用途	用法与用量	休药期/d	注意事项
硫酸亚铁（硫酸低铁、绿矾、青矾）ferrous sulphate	用于治疗纤毛虫、鞭毛虫等寄生性原虫病	全池泼洒：0.2mg/L（与硫酸铜合用）		1. 治疗寄生性原虫病时需与硫酸铜合用 2. 乌鳢慎用
高锰酸钾（锰酸钾、灰锰氧、锰强灰）potassium permanganate	用于杀灭锚头鳋	浸浴：10～20mg/L，15～30min 全池泼洒：4～7mg/L		1. 水中有机物含量高时药效降低 2. 不宜在强烈阳光下使用
四烷基季铵盐络合碘（季铵盐含量为50%）	对病毒、细菌、纤毛虫、藻类有杀灭作用	全池泼洒：0.3mg/L（虾类相同）		1. 勿与碱性物质同时使用 2. 勿与阴性离子表面活性剂混用 3. 使用后注意池塘增氧 4. 勿用金属容器盛装
大蒜 crow's treacle, garlic	用于防治细菌性肠炎	拌饵投喂：10～30g/kg 体重，连用4～6d（海水鱼类相同）		

续表3

渔药名称	用途	用法与用量	休药期/d	注意事项
大蒜素粉（含大蒜素10%）	用于防治细菌性肠炎	0.2g/kg体重，连用4～6d（海水鱼类相同）		
大黄 medicinal rhubarb	用于防治细菌性肠炎、烂鳃	全池泼洒：2.5～4.0mg/L（海水鱼类相同）拌饵投喂：5～10g/kg体重，连用4～6d（海水鱼类相同）		投喂时常与黄芩、黄柏合用（三者比例为5∶2∶3）
黄芩 raikai skullcap	用于防治细菌性肠炎、烂鳃、赤皮、出血病	拌饵投喂：2～4g/kg体重，连用4～6d（海水鱼类相同）		投喂时常与大黄、黄柏合用（三者比例为2∶5∶3）
黄柏 amur corktree	用于防治细菌性肠炎、出血	拌饵投喂：3～6g/kg体重，连用4～6d（海水鱼类相同）		投喂时常与大黄、黄芩合用（三者比例为3∶5∶2）
五倍子 Chinese sumac	用于防治细菌性烂鳃、赤皮、白皮、疖疮	全池泼洒：2～4mg/L（海水鱼类相同）		
穿心莲 common andrographis	用于防治细菌性肠炎、烂鳃、赤皮	全池泼洒：15～20mg/L拌饵投喂：10～20g/kg体重，连用4～6d		

续表4

渔药名称	用途	用法与用量	休药期/d	注意事项
苦参 lightyellow sophora	用于防治细菌性肠炎、竖鳞	全池泼洒：1.0～1.5mg/L 拌饵投喂：1～2g/kg 体重，连用4～6d		
土霉素 oxytetra-cycline	用于治疗肠炎病、弧菌病	拌饵投喂：50～80mg/kg 体重，连用4～6d（海水鱼类相同，虾类：50～80mg/kg 体重，连用5～10d）	≥ 30（鳗鲡）≥ 21（鲶鱼）	勿与铝、镁离子及卤素、碳酸氢钠、凝胶合用
噁喹酸 oxolinic acid	用于治疗细菌性肠炎、赤鳍病，香鱼、对虾弧菌病，鲈鱼结节病，鲕鱼疖疮病	拌饵投喂：10～30mg/kg 体重，连用5～7d（海水鱼类1～20mg/kg 体重；对虾：6～60mg/kg 体重，连用5d）	≥ 25（鳗鲡）≥ 21（鲤鱼、香鱼）≥ 16（其他鱼类）	用药量视不同的疾病有所增减
磺胺嘧啶（磺胺哒嗪）sulfadia-zine	用于治疗鲤科鱼类的赤皮病、肠炎病，海水鱼链球菌病	拌饵投喂：100mg/kg 体重连用5d（海水鱼类相同）		1. 与甲氧苄氨嘧啶（TMP）同用，可产生增效作用 2. 第一天药量加倍

续表 5

渔药名称	用途	用法与用量	休药期/d	注意事项
磺胺甲噁唑（新诺明、新明磺）sulfame-thoxazole	用于治疗鲤科鱼类的肠炎病	拌饵投喂：100mg/kg 体重，连用 5～7d		1. 不能与酸性药物同用 2. 与甲氧苄氨嘧啶（TMP）同用，可产生增效作用 3. 第一天药量加倍
磺胺间甲氧嘧啶（制菌磺、磺胺-6-甲氧嘧啶）sulfamon-omethox-ine	用于鲤科鱼类的竖鳞病、赤皮病及弧菌病	拌饵投喂：50～100mg/kg 体重，连用 4～6d	≥37（鳗鲡）	1. 与甲氧苄氨嘧啶（TMP）同用，可产生增效作用 2. 第一天药量加倍
氟苯尼考 florfenicol	用于治疗鳗鲡爱德华氏病、赤鳍病	拌饵投喂：10.0mg/kg 体重，连用 4～6d	≥7（鳗鲡）	

续表6

渔药名称	用途	用法与用量	休药期/d	注意事项
聚维酮碘（聚乙烯吡咯烷酮碘、皮维碘、PVP-1、伏碘）（有效碘1.0%）povidone-iodine	用于防治细菌性烂鳃病、弧菌病、鳗鲡红头病。并可用于预防病毒病，如草鱼出血病、传染性胰腺坏死病、传染性造血组织坏死病、病毒性出血败血症	全池泼洒：海、淡水幼鱼、幼虾：0.2～0.5mg/L；海、淡水成鱼、成虾：1～2mg/L；鳗鲡：2～4mg/L 浸浴：草鱼种：30mg/L，15～20min 鱼卵：30～50mg/L（海水鱼卵：25～30mg/L），5～15min		1. 勿与金属物品接触 2. 勿与季铵盐类消毒剂直接混合使用

注：1. 用法与用量栏未标明海水鱼类与虾类的均适用于淡水鱼类。
　　2. 休药期为强制性。

6. 禁用渔药

严禁使用高毒、高残留或具有三致毒性（致癌、致畸、致突变）的渔药。严禁使用对水域环境有严重破坏而又难以修复的渔药，严禁直接向养殖水域泼洒抗生素，严禁将新近开发的人用新药作为渔药的主要或次要成分。禁用渔药见表2。

表 2 禁用渔药

药物名称	化学名称（组成）	别 名
地虫硫磷 fonofos	O-2基-S苯基二硫代磷酸乙酯	大风雷
六六六 BHC（HCH） Benzem，bexachloridge	1，2，3，4，5，6-六氯环乙烷	
林丹 lindane，agammaxare， gamma-BHC gamma-HCH	γ-1，2，3，4，5，6-六氯环乙烷	丙体六六六
毒杀芬 camphechlor（ISO）	八氯莰烯	氯化莰烯
滴滴涕 DDT	2，2-双（对氯苯基）-1，1，1-三氯乙烷	
甘汞 calomel	氯化亚汞	
硝酸亚汞 mercurous nitrate	硝酸亚汞	
醋酸汞 mercuric acetate	醋酸汞	
呋喃丹 carbofuran	2，3-氢-2，2-二甲基-7-苯并呋喃基-甲基氨基甲酸酯	克百威、大扶农

续表1

药物名称	化学名称（组成）	别　名
杀虫脒 chlordimeform	N-（2-甲基-4-氯苯基）N'，N'-二甲基甲脒盐酸盐	克死螨
双甲脒 anitraz	1，5-双-（2，4-二甲基苯基）-3-甲基1，3，5-三氮戊二烯-1，4	二甲苯胺脒
氟氯氰菊酯 cynthrin	α-氰基-3-苯氧基（1R，3R）-3-（2，2-二氯乙烯基）-2，2-甲基环丙烷羧酸脂	百树菊酯、百树得
氟氯戊菊酯 flucythrinate	（R，S）-α-氰基-3-苯氧苄基-（R，S）-2-（4-二氟甲氧基）-3-甲基丁酸酯	保好江乌、氟氰菊酯
五氯酚钠 PCP-Na	五氯酚钠	
孔雀石绿 malachite green	$C_{23}H_{25}ClN_2$	碱性绿、盐基块绿、孔雀绿
锥虫胂胺 tryparsamide		
酒石酸锑钾 anitmonyl potassium tartrate	酒石酸锑钾	

续表 2

药物名称	化学名称（组成）	别　名
磺胺脒 sulfaguanidine	N_1-脒基磺胺	磺胺胍
呋喃西林 furacillinum，nitrofura-zone	5-硝基呋喃醛缩氨基脲	呋喃新
呋喃唑酮 furazolidonum，nifulidone	3-（5-硝基糠叉胺基）-2-噁唑烷酮	痢特灵
呋喃那斯 furanace，nifurpirinol	6-羟甲基-2-［-5-硝基-2-呋喃基乙烯基］吡啶	P-7138 （实验名）
氯霉素 （包括其盐、酯及制剂） chloramphennicol	由委内瑞拉链霉素生产或合成法制成	
红霉素 erythromycin	属微生物合成，是 Strepto-myces eyythreus 生产的抗生素	
杆菌肽锌 zinc bacitracin premin	由枯草杆菌 Bacillus subtilis 或 B. leicheniformis 所产生的抗生素，为一含有噻唑环的多肽化合物	枯草菌肽
泰乐菌素 tylosin	S. fradiae 所产生的抗生素	

续表 3

药物名称	化学名称（组成）	别　名
阿伏帕星 avoparcin		阿伏霉素
喹乙醇 olaquindox	喹乙醇	喹酰胺醇羟乙喹氧
速达肥 fenbendazole	5-苯硫基-2-苯并咪唑	苯硫哒唑氨甲基甲酯
己烯雌酚 （包括雌二醇等其他类似合成等雌性激素） diethylstilbestrol, stilbestrol	人工合成的非自甾体雌激素	乙烯雌酚，人造求偶素
甲基睾丸酮 （包括丙酸睾丸素、去氢甲睾酮以及同化物等雄性激素） methyltestosterone, metandren	睾丸素 C_{17} 的甲基衍生物	甲睾酮甲基睾酮
洛美沙星 lomefloxacin	1-乙基-6，8-二氟-1，4-二氢-7-（3-甲基-1-哌嗪基）-4-氧代-3-喹啉羧酸	罗美沙星、罗氟酸、康力康

续表4

药物名称	化学名称（组成）	别　名
培氟沙星 Pefloxacin	1-乙基-1，4-二氢-6-氟-7-（4-甲基-1-哌嗪）-4-氧代-3-喹啉羧酸；1-乙基-6-氟-7-（4-甲基哌嗪基）-4-氧代-1，4-二氢喹啉-3-羧酸；1-乙基-6-氟-1，4-二氢-7-（4-佳绩-哌嗪基）-4-氧代-3-喹啉羧酸	氟哌喹酸、培氟根、哌氟沙星
氧氟沙星 ofloxacin	9-氟-2，3-二氢-3-甲基-1o-（4-甲基-1-哌嗪基）-7-氧代-7H-吡啶并[1，2，3-de]-1，4-苯并噁嗪-6-羧酸	氟洛沙星、氧洛沙星、奥氟哌酸
诺氟沙星 Norfloxacin	1-乙基-6-氟-1，4-二氢-4-氧代-7-（1-哌嗪基）-3-喹啉羧酸	力醇罗、氟哌酸、淋克星
氟罗沙星 Fleroxacin	6，8-二氟-1-（2-氟乙基）-1，4-二氢-7-（4-甲基-1-哌嗪基）-4-氧代-3-喹啉羧酸	多氟沙星、多米特定、天方罗欣

附录 2

水产养殖用药明白纸 2019 年 1 号

（国务院兽医行政管理部门规定水生食用动物禁止使用的药品及其他化合物，截至 2019 年 6 月）

序号	名称	农业部公告
1	克仑特罗	235 号
2	沙丁胺醇	560 号
3	西马特罗	235 号
4	己烯雌酚	235 号
5	玉米赤霉醇	235 号
6	去甲雄三烯醇酮（群勃龙）	235 号
7	醋酸甲孕酮	235 号
8	氯霉素（包括琥珀氯霉素）	235 号
9	氨苯砜	235 号
10	呋喃唑酮	235 号
11	呋喃它酮	235 号
12	呋喃苯烯酸钠	235 号
13	硝基酚钠	235 号
14	硝呋烯腙	235 号
15	安眠酮	235 号
16	林丹（丙体六六六）*	235 号
17	毒杀芬（氯化烯）*	235 号

续表 1

序号	名称	农业部公告
18	呋喃丹（克百威）*	235 号
19	杀虫脒（克死螨）*	235 号
20	双甲脒*	235 号
21	酒石酸锑钾*	235 号
22	锥虫砷胺*	235 号
23	孔雀石绿*	235 号
24	五氯酚酸钠*	235 号
25	氯化亚汞（甘汞）*	235 号
26	硝酸亚汞*	235 号
27	醋酸汞*	235 号
28	吡啶基醋酸汞*	235 号
29	甲基睾丸酮	235 号
30	丙酸睾酮	235 号
31	苯丙酸诺龙	235 号
32	苯甲酸雌二醇	235 号
33	氯丙嗪	235 号
34	地西泮（安定）	235 号
35	甲硝唑	235 号
36	地美硝唑	235 号
37	洛硝达唑	235 号
38	呋喃西林	560 号
39	呋喃妥因	560 号
40	替硝唑	560 号

续表2

序号	名称	农业部公告
41	卡巴氧	560号
42	万古霉素	560号
43	金刚烷胺	560号
44	金刚乙胺	560号
45	阿昔洛韦	560号
46	吗啉（双）胍（病毒灵）	560号
47	利巴韦林	560号
48	头孢哌酮	560号
49	头孢噻肟	560号
50	头孢曲松（头孢三嗪）	560号
51	头孢噻吩	560号
52	头孢拉啶	560号
53	头孢唑啉	560号
54	头孢噻啶	560号
55	罗红霉素	560号
56	克拉霉素	560号
57	阿奇霉素	560号
58	磷霉素	560号
59	硫酸奈替米星	560号
60	氟罗沙星	560号
61	司帕沙星	560号
62	甲替沙星	560号
63	克林霉素（氯林可霉素、氯洁霉素）	560号

续表 3

序号	名称	农业部公告
64	妥布霉素	560 号
65	胍哌甲基四环素	560 号
66	盐酸甲烯土霉素（美他环素）	560 号
67	两性霉素	560 号
68	利福霉素	560 号
69	井冈霉素	560 号
70	浏阳霉素	560 号
71	赤霉素	560 号
72	代森铵	560 号
73	异噻唑啉酮	560 号
74	洛美沙星	2292 号
75	培氟沙星	2292 号
76	氧氟沙星	2292 号
77	诺氟沙星	2292 号
78	非泼罗尼	2583 号
79	喹乙醇	2638 号
《农药管理条例》第三十五条规定严禁使用农药毒鱼、虾		

说明：1. 国务院兽医行政管理部门规定水生食用动物禁止使用的药品及其他化合物不限于本宣传材料，全部禁用药品目录以相关公告为准，本宣传材料仅供参考。2. 除带"＊"的药品外，上述药品还包括其盐、酯及制剂，具体名称和禁用规定以相关公告为准。3. 农业部公告第 235 号规定 30～36 号药品允许做治疗用，但不得在动物性食品中检出。4. NY5071—2002《无公害食品　渔用药物使用准则》的其他禁用渔药，如滴滴涕、环丙沙星、红霉素等不属于国务院兽医行政管理部门规定禁止使用的药品及其他化合物。

水产养殖用药明白纸 2019 年 2 号

（国务院兽医行政管理部门已批准的水产用兽药，截至 2019 年 6 月）

序号	名称	出处	休药期
抗菌药			
1	氟苯尼考粉	A	375 度日
2	氟苯尼考注射液	A	375 度日
3	甲砜霉素粉	A	500 度日
4	恩诺沙星粉（水产用）	B	500 度日
5	氟甲喹粉	B	175 度日
6	硫酸新霉素粉（水产用）	B	500 度日
7	盐酸多西环素粉（水产用）	B	750 度日
8	维生素 C 磷酸酯镁盐酸环丙沙星预混剂	B	500 度日
9	复方磺胺二甲嘧啶粉（水产用）	B	500 度日
10	复方磺胺甲噁唑粉（水产用）	B	500 度日
11	复方磺胺嘧啶粉（水产用）	B	500 度日
12	磺胺间甲氧嘧啶钠粉（水产用）	B	500 度日
驱虫和杀虫药			
13	复方甲苯咪唑粉	A	150 度日
14	甲苯咪唑溶液（水产用）	B	500 度日
15	阿苯达唑粉（水产用）	B	500 度日
16	吡喹酮预混剂（水产用）	B	500 度日
17	精制敌百虫粉（水产用）	B	500 度日
18	敌百虫溶液（水产用）	B	500 度日
19	地克珠利预混剂（水产用）	B	500 度日

续表 1

序号	名称	出处	休药期
20	氰戊菊酯溶液（水产用）	B	500 度日
21	溴氰菊酯溶液（水产用）	B	500 度日
22	高效氯氰菊酯溶液（水产用）	B	500 度日
23	盐酸氯苯胍粉（水产用）	B	500 度日
24	硫酸铜硫酸亚铁粉（水产用）	B	未规定
25	硫酸锌粉（水产用）	B	未规定
26	硫酸锌三氯异氰脲酸粉（水产用）	B	未规定
27	辛硫磷溶液（水产用）	B	500 度日
杀真菌药			
28	复方甲霜灵粉	C2505	240 度日
消毒药			
29	苯扎溴铵溶液（水产用）	B	未规定
30	次氯酸钠溶液（水产用）	B	未规定
31	蛋氨酸碘粉	B	虾 0 日
32	蛋氨酸碘溶液	B	鱼、虾 0 日
33	碘附（Ⅰ）	B	未规定
34	复合碘溶液（水产用）	B	未规定
消毒药			
35	高碘酸钠溶液（水产用）	B	未规定
36	癸甲溴铵碘复合溶液	B	未规定
37	过硼酸钠粉（水产用）	B	0 度日
38	过碳酸钠（水产用）	B	未规定

续表 2

序号	名称	出处	休药期
39	过氧化钙粉（水产用）	B	未规定
40	过氧化氢溶液（水产用）	B	未规定
41	聚维酮碘溶液（Ⅱ）	B	未规定
42	聚维酮碘溶液（水产用）	B	500 度日
43	硫代硫酸钠粉（水产用）	B	未规定
44	硫酸铝钾粉（水产用）	B	未规定
45	氯硝柳胺粉（水产用）	B	500 度日
46	浓戊二醛溶液（水产用）	B	未规定
47	三氯异氰脲酸粉	B	未规定
48	三氯异氰脲酸粉（水产用）	B	未规定
49	戊二醛苯扎溴铵溶液（水产用）	B	未规定
50	稀戊二醛溶液（水产用）	B	未规定
51	溴氯海因粉（水产用）	B	未规定
52	复合亚氯酸钠粉	C2236	0 度日
53	过硫酸氢钾复合物粉	C2357	无
54	含氯石灰（水产用）	B	未规定
中草药			
55	大黄末	A	未规定
56	大黄芩鱼散	A	未规定
57	虾蟹脱壳促长散	A	未规定
58	穿梅三黄散	A	未规定
59	蚌毒灵散	A	未规定

续表 3

序号	名称	出处	休药期
60	百部贯众散	B	未规定
61	板黄散	B	未规定
62	板蓝根大黄散	B	未规定
63	板蓝根末	B	未规定
64	苍术香连散（水产用）	B	未规定
65	柴黄益肝散	B	未规定
66	川楝陈皮散	B	未规定
67	大黄侧柏叶合剂	B	未规定
68	大黄解毒散	B	未规定
69	大黄末（水产用）	B	未规定
70	大黄芩蓝散	B	未规定
中草药			
71	大黄五倍子散	B	未规定
72	地锦草末	B	未规定
73	地锦鹤草散	B	未规定
74	扶正解毒散（水产用）	B	未规定
75	肝胆利康散	B	未规定
76	根莲解毒散	B	未规定
77	虎黄合剂	B	未规定
78	黄连解毒散（水产用）	B	未规定
79	黄芪多糖粉	B	未规定
80	加减消黄散（水产用）	B	未规定

续表 4

序号	名称	出处	休药期
81	苦参末	B	未规定
82	雷丸槟榔散	B	未规定
83	连翘解毒散	B	未规定
84	六味地黄散（水产用）	B	未规定
85	六味黄龙散	B	未规定
86	龙胆泻肝散（水产用）	B	未规定
87	蒲甘散	B	未规定
88	七味板蓝根散	B	未规定
89	芪参散	B	未规定
90	青板黄柏散	B	未规定
91	青连白贯散	B	未规定
92	青莲散	B	未规定
93	清健散	B	未规定
94	清热散（水产用）	B	未规定
95	驱虫散（水产用）	B	未规定
96	三黄散（水产用）	B	未规定
97	山青五黄散	B	未规定
98	石知散（水产用）	B	未规定
99	双黄白头翁散	B	未规定
100	双黄苦参散	B	未规定
101	脱壳促长散	B	未规定

续表5

序号	名称	出处	休药期
102	五倍子末	B	未规定
103	五味常青颗粒	B	未规定
104	虾康颗粒	B	未规定
105	银翘板蓝根散	B	未规定
106	银黄可溶性粉	C2415	未规定
107	黄芪多糖粉	C1998	未规定
108	博落回散	C2374	未规定
生物制品			
109	草鱼出血病灭活疫苗	A	未规定
110	草鱼出血病活疫苗（GCHV－892株）	B	未规定
111	嗜水气单胞菌败血症灭活疫苗		未规定
112	牙鲆鱼溶藻弧菌、鳗弧菌、迟缓爱德华菌病多联抗独特型抗体疫苗	B	未规定
113	鱼虹彩病毒病灭活疫苗	C2152	未规定
114	大菱鲆迟钝爱德华氏菌活疫苗（EIBAV1株）	C2270	未规定
115	大菱鲆鳗弧菌基因工程活疫苗（MVAV6203株）	D158	未规定
维生素类			
116	维生素C钠粉（水产用）	B	未规定
117	亚硫酸氢钠甲萘醌粉（水产用）	B	未规定

续表6

序号	名称	出处	休药期
激素类			
118	注射用促黄体素释放激素 A2	B	未规定
119	注射用促黄体素释放激素 A3	B	未规定
120	注射用复方鲑鱼促性腺激素释放激素类似物	B	未规定
121	注射用复方绒促性素 A 型（水产用）	B	未规定
122	注射用复方绒促性素 B 型（水产用）	B	未规定
123	注射用绒促性素（I）	B	未规定
其他			
124	盐酸甜菜碱预混剂（水产用）	B	0 度日
125	多潘立酮注射液	B	未规定

说明：1. 国务院兽医行政管理部门已批准的水产用兽药不限于本宣传材料，水产用兽药目录以兽药典和兽药质量标准及相关公告为准，本宣传材料仅供参考。2. 代码解释。A：2015 年版，B：兽药质量标准 2017 年版，C：农业部公告，D：农业农村部公告，例如，C2505 为农业部公告第 2505 号。3. 休药期中"度日"是指水温与停药天数的乘积，如某种兽药休药期为 500 度日，当水温为 25℃，至少需停药 20 天以上，即 25℃×20 日＝500 度日。4. 兽药名称、用法、用量和休药期等以相关文件或兽药标签和说明为准。